抽水蓄能电站 TBM 技术发展报告

Pumped Storage Power Station TBM Technology Development Report

2020—2021

国家能源水电工程技术研发中心
国网新源控股有限公司　　编
中国水利水电建设工程咨询有限公司

中国水利水电出版社
www.waterpub.com.cn
·北京·

图书在版编目（CIP）数据

　　抽水蓄能电站TBM技术发展报告. 2020-2021 / 国家
能源水电工程技术研发中心，国网新源控股有限公司，中
国水利水电建设工程咨询有限公司编. -- 北京 : 中国水
利水电出版社，2022.5
　　ISBN 978-7-5226-0693-4

　　Ⅰ．①抽… Ⅱ．①国… ②国… ③中… Ⅲ．①抽水蓄
能水电站－隧道施工－盾构法－技术发展－研究报告－中
国－2020-2021 Ⅳ．①TV743

　　中国版本图书馆CIP数据核字(2022)第081477号

书　　名	抽水蓄能电站 TBM 技术发展报告（2020—2021） CHOUSHUI XUNENG DIANZHAN TBM JISHU FAZHAN BAOGAO（2020—2021）
作　　者	国家能源水电工程技术研发中心 国网新源控股有限公司　编 中国水利水电建设工程咨询有限公司
出版发行	中国水利水电出版社 （北京市海淀区玉渊潭南路 1 号 D 座　100038） 网址：www.waterpub.com.cn E-mail：sales@mwr.gov.cn 电话：(010) 68545888（营销中心）
经　　售	北京科水图书销售有限公司 电话：(010) 68545874、63202643 全国各地新华书店和相关出版物销售网点
排　　版	中国水利水电出版社微机排版中心
印　　刷	天津嘉恒印务有限公司
规　　格	210mm×285mm　16 开本　6 印张　110 千字
版　　次	2022 年 5 月第 1 版　2022 年 5 月第 1 次印刷
定　　价	80.00 元

编 写 工 作 组

前言

近年来，以国网新源控股有限公司为首的研究团队，围绕抽水蓄能电站先进建设技术，在小断面小转弯半径 TBM 应用上成功取得突破，在大断面平洞 TBM、斜井 TBM、竖井 TBM 应用方案研究上也取得长足进展并顺利推进试点，同时在专用 TBM 研发和隧洞标准化通用化设计方面开展了大量卓有成效的工作。为更好地发挥 TBM 技术在推进抽水蓄能电站群建设智能化转型中的作用，国家能源水电工程技术研发中心联合国网新源控股有限公司、中国水利水电建设工程咨询有限公司共同倡议，组织一线技术团队，开展抽水蓄能电站 TBM 技术发展报告研编工作，总结已有经验，梳理存在的主要问题，探讨未来发展的主要驱动力和实现路径，以促进行业形成发展合力。

本报告包括综合篇、设计篇、装备篇、应用篇、政策篇、展望篇六部分，总结了近年来我国抽水蓄能电站 TBM 技术发展与应用情况，对比分析了国内外 TBM 技术的发展差距，并对发展趋势进行了分析预测，提出了抽水蓄能电站 TBM 技术未来应重点关注的方向、重大课题立项建议及促进抽水蓄能电站 TBM 技术发展的政策建议。其中综合篇、政策篇和展望篇由国家能源水电工程技术研发中心与中国水利水电建设工程咨询有限公司牵头编写；设计篇由中国电建集团中南、北京、华东勘测设计研究院有限公司牵头编写；装备篇由中铁工程装备集团有限公司、中国铁建重工集团股份有限公司牵头编写；应用篇由国网新源控股有限公司牵头编写，文登、洛宁、平江、抚宁、宁海等抽水蓄能有限公司参与编写。

在报告即将付梓之际，特别向参与编写的专家及所在单位表示衷心感谢，特别向参与研讨和提出宝贵意见、建议的编审专家表示衷心感谢。 尽管本报告制定编写大纲之初和报告编写过程中征求了多方面的意见，力求全面准确，但由于编写时间仓促、收集资料有限等原因，报告中难免存在不足和疏漏，相关观点也仅代表编写工作组的意见，如有不妥之处，恳请读者提出宝贵意见和建议。

最后，衷心希望本报告在助力和保障我国抽水蓄能电站高质量发展方面发挥积极作用，并为政府和行业制定相关政策与标准提供有益参考。

编写工作组

2021 年 12 月

目录
Contents

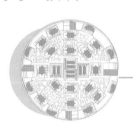

1 综 合 篇

1.1 引言

　　抽水蓄能电站作为电力系统中技术最为成熟、安全性最有保障、经济性优势明显的具有灵活调节能力的电源，在电力系统中提供了较好的调峰、调频、调相、储能、紧急事故备用和黑启动等服务，对于保障电力系统安全稳定运行、提升清洁能源消纳利用水平和改善系统发、配、用各环节性能等方面发挥了重要作用。 加快发展抽水蓄能，是构建以新能源为主体的新型电力系统的迫切要求，是保障电力系统安全稳定运行的重要支撑，是可再生能源大规模发展的重要保障。 截至 2020 年年底，我国抽水蓄能电站总装机规模达到 3149 万 kW，在建装机总规模为 5373 万 kW。 我国抽水蓄能电站已建和在建规模均居世界首位，且已形成较为完备的规划、设计、建设、运行管理体系。

　　根据我国"碳达峰、碳中和"总体目标的要求，国家能源主管部门已经锚定 2030 年非化石能源占一次能源消费比重达到 25% 左右，风电、太阳能发电装机容量达到 12 亿 kW 以上的目标。 构建以新能源为主体的新型电力系统，已经成为刻不容缓的重大战略任务。 作为具有灵活调节能力的电源，抽水蓄能电站必将在新型电力系统中发挥越来越重要的作用，并已迎来前所未有的高速发展期。

　　绿色高质量发展是抽水蓄能电站高速发展的基础和保障。 而智能建造关键技术的研发与应用已成为水电工程建设运行领域绿色、高质量创新发展的关键支撑。 特别是随着水电工程建设越来越注重机械化和自动化，加之传统技术工人队伍日趋萎缩且流动性大，继续依靠传统的劳动密集型模式实现高强度施工、高标准建设和高频度质量检测将面临愈来愈大的困难和代价。 可以预见，智能化建造技术必将全面改变包括抽水蓄能电站建设在内的所有可再生能源领域工程建设的模式、方式和手段，进而重新定义可再生能源项目建设与管理的内涵和外延。

　　机械化是智能建造的重要基石之一。 TBM（隧道掘进机）是集机械、电子、液压、控制等技术于一体的高度机械化和自动化的大型成套设备，既是智能制造的重要组成部分和代表性产品，也是智能化建设的重要突破方向和抓手。 大量工程实践充分表明，TBM 应用于隧洞施工在工程质量、安全、进度、环保、文明施工等方面具有显著优势，代表了"机械化、智能化、标准化"的发展趋势，创新意义和实用价值突出。

2019 年以来，以国网新源控股有限公司为首的研究团队，围绕抽水蓄能电站先进建设技术，在小断面小转弯半径 TBM 应用上成功取得突破，在大断面平洞 TBM、斜井 TBM 应用方案研究上也取得长足进展，已具备实施试点应用的条件，同时还在专用 TBM 研发和隧洞标准化通用化设计方面开展大量卓有成效的工作。

探索推进 TBM 在抽水蓄能电站群的应用总体上具有突出的先天优势，一方面，通过抽水蓄能电站群的规模效应可解决 TBM 的经济可行性问题；另一方面，通过优选站址，抽水蓄能电站地下洞室群施工的地质条件适宜性总体上较好，基本解决了 TBM 应用技术可行性问题。因此，抽水蓄能电站群 TBM 关键技术研究与应用是实现能源领域智能化机械化转型升级的重要抓手，更是以重要领域和关键环节的突破带动全局的关键举措。

当前，抽水蓄能电站群 TBM 技术发展仍面临内生驱动力不足、有效需求与有效供给错位、规模化可持续发展路径不清晰等诸多挑战和困难，有必要凝聚行业乃至全社会的共识和力量，进一步明晰近期发展方向与技术路径，以及中远期发展战略，以期更好发挥 TBM 应用技术在推进抽水蓄能电站群建设机械化、智能化转型中的作用。

1.2　发展现状与主要创新成果

1.2.1　发展现状

（1）抽水蓄能电站进入高速发展期，高质量发展是根本遵循和必然趋势。

截至 2020 年年底，我国可再生能源发电装机容量达到 9.34 亿 kW，同比增长约 17.5%；其中，水电装机容量 3.7 亿 kW（含抽水蓄能装机容量 3149 万 kW）、风电装机容量 2.81 亿 kW、光伏发电装机容量 2.53 亿 kW、生物质发电装机容量 2952 万 kW。可再生能源发电量持续增长。2020 年，全国可再生能源发电量达 22154 亿 kW·h，同比增长约 8.4%；其中，水力发电 13552 亿 kW·h，同比增长 4.1%；风力发电 4665 亿 kW·h，同比增长约 15.0%；光伏发电 2611 亿 kW·h，同比增长 16.4%；生物质发电 1326 亿 kW·h，同比增长约 19.4%。

作为新型电力系统的重要一极，抽水蓄能电站建设已进入高速发展期。截至 2020 年年底，我国抽水蓄能电站在建装机总规模 5373 万 kW，共涉及 40 座电站，其中华北、东北、华东、西北、华中、南方和西南区域电网装机规模分别为 1610 万 kW、

780 万 kW、1743 万 kW、380 万 kW、500 万 kW、240 万 kW 和 120 万 kW,华东电网在建规模最大,其次为华北电网。 在建项目中,32 座电站项目法人为国网新源控股有限公司,占在建项目总数的 80%,2 座电站项目法人为南方电网调峰调频发电有限公司。 同时,投资主体多元化态势也初现端倪,长江三峡集团、华电集团、中核集团等大型央企以及一些地方投资平台也积极参与各省抽水蓄能电站开发与建设。

经过几十年的积累和创新,我国抽水蓄能电站建设技术已处于世界领先水平,成功建成投运了一大批大型抽水蓄能电站,各类复杂地质条件下的抽水蓄能电站施工技术取得长足进步,在复杂岩溶地区水库防渗工程、高地应力超大规模地下厂房洞室群开挖支护工程、高水头混凝土或钢板衬砌压力管道与岔管工程等各方面都有大量成功实践。

新时期,抽水蓄能电站建设的高速发展必然要求绿色、安全、高质量发展,这既是国家和行业的要求,也是行业发展的必然选择。 一方面,抽水蓄能电站建设仍将面临更大的挑战,多个规划建设的抽水蓄能电站需要应对不良的地质条件和复杂的建设环境,也就需要技术和手段的创新,以期实现更为规范、更加高效、更加友好、更有质量安全保障的工程建设。 另一方面,当前抽水蓄能电站庞大的在建规模以及高速发展的开发建设规划,在环境保护与水土保持、国土资源利用、人才队伍与劳动力资源保障等多方面形成巨大压力,倒逼抽水蓄能电站走上绿色智能化建设的高质量发展道路。

(2)水电工程智能建造方兴未艾。

当前,我国水电工程建设技术正从数字化向全面机械化、智能化迈进,工程建设管理水平和质量控制能力得到显著提升。 大岗山研发了"数字大岗山"智能管理系统,实现了拱坝混凝土浇筑、灌浆以及安全监测等全过程数字化管控。 为建成无缝智能大坝,乌东德、白鹤滩大坝施工全过程采用智能温控技术,突破了现场复杂环境多源数据采集技术难点,实现了大坝混凝土的实时、在线、个性化智能控制与精细管理。 两河口大坝在糯扎渡、长河坝建设经验基础上,将大坝碾压监控技术进一步发展到了智能化无人碾压技术,突破了无人机械操控、三级安全管控、精确循迹管理等技术难题,实现了机群同步作业、多仓面协同施工。 双江口电站针对大型地下工程地质条件复杂、地应力高、施工安全风险突出等特点,研发并应用了大型地下工程建设的智能感知、自动分析、动态馈控协同响应成套关键技术,通过构建较为完善的管控指标体系及预警分析模型，基本实现了大型地下工程施工安全与质量风险的自动识别、分级预警。

抽水蓄能电站建设充分吸收借鉴常规水电已有智能建设技术的积累，同时针对抽水蓄能电站地下洞室群规模大、占工程投资比例大的特点，围绕地下洞室群机械化、智能化施工开展了卓有成效的探索。

（3）TBM 在抽水蓄能电站全面机械化、智能化建设转型中取得突破。

TBM 设备已被广泛应用于铁路、水利等行业的大型长隧道施工，在质量、工期、安全、环境保护与文明施工方面表现出了突出优势，但在国内抽水蓄能电站工程施工中则鲜有应用。其主要原因：一是设备费用一次性投入大，施工成本高；二是抽水蓄能电站地下洞室群立体交叉多、短洞多、转弯多、断面不统一且变化多，而传统 TBM 设备装拆时间长，且一般无法同步设置多个工作面，施工工期优势在短隧道施工中或不同洞径施工中无法得到充分体现。此外也有行业内沿袭传统施工方式的惯性思维因素。

因此，提升施工安全、降低施工造价、发挥工期优势是 TBM 设备应用于抽水蓄能电站施工需要重点关注和研究的问题。一方面需要改进、提升 TBM 设备在抽水蓄能电站变径、小转弯、斜井施工、快速拆装、安全掘进等方面的工艺和能力，挖掘潜力，降低成本，减少非生产性工期损失；另一方面需要提升抽水蓄能电站地下洞室的标准化设计水平，同等规模、同一功能用途的洞室尽量在设计尺寸上保持一致，以适应 TBM 设备多场景及多电站应用要求。TBM 若能实现抽水蓄能电站地下洞室施工安全性提升、生态环境影响小、施工工期加快、成本可接受等目标，就能在试点应用中不断总结提升，并获得足够大的市场空间。这客观上也要求设计单位和制造单位在抽水蓄能电站各地下洞室设计和 TBM 设备研发中寻找契合最优点，以达到充分应用 TBM 设备实现安全、绿色、快速、标准化施工的目的。

围绕上述问题，以国网新源控股有限公司为首的研究团队，已经开展大量卓有成效的研究和试点应用工作，小断面小转弯半径 TBM 已在文登抽水蓄能电站成功应用，并积极推广到多个在建工程；基于正井法的竖井 TBM 已在宁海抽水蓄能电站投入试点应用，大断面平洞 TBM、斜井 TBM 已完成应用方案研究并在抚宁、洛宁、平江等抽水蓄能电站基本具备了试点应用条件。

总体来看，TBM 作为"机械化、智能化、标准化"发展方向的代表性技术与装备，已在抽水蓄能电站全面机械化、智能化建设转型中取得了可喜的突破，同时也将面临更大的挑战。

1.2.2 主要创新成果

（1）装备制造创新。

1）创新研发并成功应用了"文登号"，适用于抽水蓄能电站排水廊道等小断面、小转弯半径隧洞的准通用型 TBM。

2）创新研发了大断面竖井 TBM 并已在宁海抽水蓄能电站开展试点应用。

3）创新研发了大断面、小转弯半径 TBM，并将在抚宁抽水蓄能电站通风兼安全洞、交通洞施工中开展试点应用。

4）创新研发了大断面斜井 TBM，并将在洛宁、平江抽水蓄能电站压力管道斜井段开展试点应用。

（2）设计理念创新。

创新开展了抽水蓄能电站典型地下洞室，如排水廊道、交通洞、通风洞、输水隧洞等的标准化设计研究，基于 TBM 施工方案，创新了上述地下洞室设计理念，形成了各典型地下洞室的标准化设计方案，并在 TBM 开挖洞室的支护理论方面进行了初步探索。

（3）建造技术创新。

采用"机械化、智能化"的施工手段替代传统钻爆法施工，依托 TBM 及配套设备，结合远程地面智能控制系统、超前地质预报系统、智能喷浆系统等技术，使得施工调度、掘进施工、出渣、物料运输、通风、排水、通信等整个施工过程都更为规范化、机械化、智能化，推动了抽水蓄能施工工艺及施工技术的进一步提升。

（4）管理模式创新。

创新开展了各典型地下洞室，如排水廊道、交通洞、通风洞、输水隧洞等的施工关键技术研究、施工组织设计方案研究，提出了基于 TBM 的施工布置、临建设施、设备拆装、施工方法（工艺）、出渣运输与土石方平衡、施工进度安排、配套资源配置等具有较强指导意义的整体实施方案。小断面 TBM 施工关键技术与施工组织设计方案已通过文登抽水蓄能电站的成功实践得以总结提升。

此外，对基于 TBM 的工程投资与经济性问题开展了细致的研究和探讨，为 TBM 规模化应用和商业模式创新提供了有益的启示。

1.3 面临的主要问题

（1）内生驱动力不足。

抽水蓄能电站高速发展与工程建设智能化转型升级这两个必然趋势，形成了两股强大的外部驱动力，推动以 TBM 为代表的抽水蓄能电站地下洞室智能建造技术取得了一些突破和成绩。然而，总体来看，当前内生驱动力明显不足，相关各方以及各环节还没有形成自觉的合力，外部驱动力的内化问题既紧迫也任重道远。导致内生驱动力不足的主要原因，仍然是经济性和商业模式问题，前者主要指向整体收益的量值大小，后者主要指向整体收益的合理分配。从已有实践效果分析，上述两个问题均未能得到有效解决，仍需要集合全行业智慧和力量，开展深入研究和有益尝试。此外，也有一些比较特殊的驱动力，比如抚宁抽水蓄能电站，受限于严苛的爆破施工条件，主动寻求非爆破开挖技术手段。

（2）有效需求与有效供给对接欠佳。

一方面，从纵向的产业链来看，TBM 代表的一种智能建造技术方向，本身是多学科多产业交叉和集成的新领域，从前端的工程需求到后端的装备制造，既有传统专业知识壁垒以及物联网、区块链、边缘计算、人工智能等新技术知识壁垒的阻隔，也需要技术团队自身知识体系的升级以及合作模式的磨合，更需要全行业深化对绿色智能建造的认识，并从绿色智能建造的角度重新审视工程建设需求形态与关键技术装备研发思路的对接与融合。这既需要时间和实践积累，也需要新的产学研合作模式、新的技术团队运行方式。

另一方面，从横向的工程建设领域来看，抽水蓄能电站建设对智能建造、机械化与 TBM 的需求，可能只代表了可再生能源领域智能建造的一种需求模式，既存在相互复制、移植的需求和动力，也存在各自异化的可能。这就需要加强横向的沟通与交流，促进对各自有效需求与有效供给的思考。

（3）规模化可持续发展路径仍有待破题。

以 TBM 为代表的智能建造技术需要尽快解决经济性、商业模式等内生驱动力问题，这是规模化可持续发展的必然要求和关键步骤。

此外，某一方向或某一产业的规模化可持续发展本身意味着更高层次的战略选择问题，可能还需要从抽水蓄能工程建设乃至可再生能源工程建设的智能化转型升级角度，持续开展主要技术方向的战略契合度研究与修正。

更为重要的是，规模化可持续发展离不开新的技术、管理团队以及一线技术工人群体。 推进智能建造发展的根本在于推动智能建造人才队伍的形成和不断进化。 如何实现智能建造人才队伍的规模化、可持续发展，也是整个行业亟须共同关注和探索的关键问题。

2 设计篇

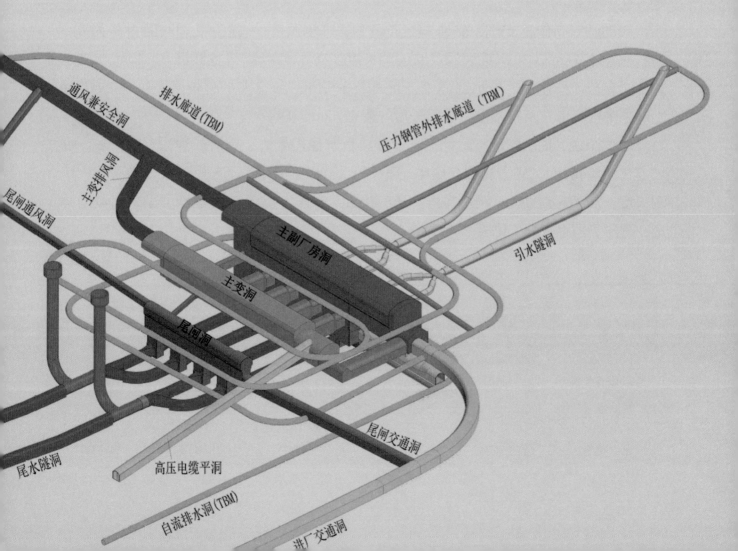

通风兼安全洞　排水廊道（TBM）
压力钢管外排水廊道（TBM）
主变排风洞
尾闸通风洞
主副厂房洞
主变洞
引水隧洞
尾闸洞
尾水隧洞　高压电缆平洞
尾闸交通洞
自流排水洞（TBM）
进厂交通洞

2.1 总体设计原则与思路

2.1.1 TBM 应用总体思路

（1）抽水蓄能地下洞室群各建筑物主要特性。

抽水蓄能电站地下洞室群主要包括引水、厂房、尾水三大部分及其辅助洞室。

引水系统采用三级平洞＋两级斜井/竖井布置方式较多。 上平洞长度一般在 2km 以内，中平洞及下平洞长度一般在 0.5km 左右。 斜井倾角多在 50°～60° 之间，单级斜井长度基本控制在 400m 以内。 引水主洞直径多为 6～9m。

厂房系统中主厂房及主变洞断面尺寸均较大，跨度一般在 20～25m 之间，高度一般在 50～60m 之间，洞室长度相对较短，一般在 200～300m 之间，空间尺寸较为复杂，暂不适宜采用 TBM 进行施工。

尾水系统隧洞一般为 2 条或 4 条，洞径一般略大于引水隧洞，直径为 7～10m，长度多在 2km 以内。

辅助洞室有施工支洞、交通洞、通风洞、排水洞等。 施工支洞断面大多为 6～8m，长度在 2km 以内。 通风洞及交通洞长度多在 1～2km，开挖断面 8～10m。 排水洞主要有自流排水洞、排水廊道等，断面 2.5～4m，自流排水洞长度一般在 2～5km 之间，排水廊道布置有多层，单层长度一般在 1km 以内。

总体来说，抽水蓄能电站地下洞室群具有洞径差异大、单洞长度短、转弯多、纵坡变化大等特点。 从已建和在建电站不完全统计结果来看，这些洞室长短不一，单洞长度一般不超过 3km，洞径各异，开挖断面大多在 3～10m，洞室断面型式有城门洞形、圆形、马蹄形等（见表 2.1.1－1）。

表 2.1.1－1		抽水蓄能项目隧洞特性统计分析汇总表			
部位	断面型式	开挖断面尺寸/m		长度/m	
		高度	宽度	范围	总长
进厂交通洞	城门洞形	8～9.7	8～8.7	864～2086	1483
通风兼安全洞	城门洞形	7～7.9	6.5～7.2	961～1558	1200
引水斜井	圆形/马蹄形	直径 6.2～8.8 倾角 50°～60°		223～492 （单级）	1297
排水廊道	城门洞形	2.5～4.2	3～3.4	2366～6006	4166

（2）抽水蓄能地下工程应用 TBM 主要考虑因素。

抽水蓄能项目的 TBM 应用，需综合考虑安全、环保、进度、质量、经济等多方面因素。

1）工程建设领域，对安全生产管控要求越来越高。 传统钻爆法存在诸多的风险点，如火工品材料管控风险、开挖爆破作业风险、施工机械化程度低带来的人员暴露风险、爆破松动圈带来的潜在质量和安全风险、技术人员短缺带来的用工风险等。尤其是陡倾角斜井的开挖，施工难度及安全风险更为显著，采用 TBM 施工后，机械化施工以及无人、少人施工的环境，将极大地改善施工安全条件。

2）在环境保护方面，钻爆法施工爆破烟尘大，凿岩台车、装渣车、运渣车等一系列车辆往返使用，排放大量尾气及油污，对作业人员身心健康造成较大影响。 而 TBM 施工现场布置整齐规范，设备本身具有除尘功能，通风散烟效能较高，可极大改善洞内作业环境，提升现场安全文明施工水平，更符合零排放、低噪声的环保要求。

3）TBM 开挖、出渣、支护等作业流程可同步开展，"工厂化"施工，不存在火工品管控的进度风险，可实现连续掘进，通常可达到钻爆法施工速度的 3~4 倍，极大地提高了隧洞的开挖效率。 统筹规划抽水蓄能电站洞室群及电站群建设，可充分发挥 TBM 的施工效率优势，为工程提前投产发电创造条件。

4）在施工质量方面，传统钻爆法质量控制难度大，超欠挖现象普遍。 TBM 法采用滚刀挤压切削破岩，开挖平整度高、偏差小，有利于工程质量的提升。

5）TBM 施工工法在长隧洞连续掘进时具有较好的经济效益，短距离施工需频繁地拆装 TBM 设备，对施工进度和 TBM 设备使用寿命有较大影响。 有必要对拟采用 TBM 施工的洞室和电站群进行统筹规划及通用设计，实现多个隧洞衔接施工，提高 TBM 施工经济性。

6）随着我国人工总量和结构的变化，劳动年龄人口数量和质量"双变"已经对我国各行各业的升级转型形成倒逼之势，劳动力年龄结构和知识结构都难以继续支撑传统建设模式，需要尽快向机械化或自动化的施工方法（如 TBM）升级。

（3）抽水蓄能地下洞室群应用 TBM 主要部位选择。

基于抽水蓄能地下洞室特点及 TBM 应用的考虑因素，抽水蓄能电站 TBM 应用现阶段主要围绕小断面排水廊道、辅助交通洞室、引水斜井/竖井这三个方向开展研究试点及应用。 后续厂房、主变等大型主体洞室空间体型更为复杂庞大，且均为工程的关键线路，若能实现全机械化施工方案或 TBM 应用方案的突破，将具有十分突出的实用价值、现实需求与推广示范效应，意义非常重大，目前正在积极开展相关研究论证工作。

1）小断面排水廊道。 抽水蓄能电站布置有较多小断面排水廊道，断面尺寸在2.5~4m 之间，断面较为统一，可掘进里程长，可研究采用小断面平洞 TBM 进行施工。 目前，山东文登、河南洛宁、浙江宁海等排水廊道已成功试点应用 TBM 施工技术，具备推广应用条件。

2）辅助交通洞室。 抽水蓄能电站地下厂房上部一般设置有通风洞、交通洞连通厂房顶拱，其进度直接影响工程直线工期。 通风洞和交通洞长度一般为 1~2km，综合纵坡为 5%左右，洞室设计尺寸约为 8m×8m（宽×高）。 通过开展交通洞和通风洞标准化设计，采用 TBM 设备一次完成两个洞室和厂房顶拱中导洞的开挖，并可衔接使用于其他项目，对降低设备成本、缩短电站关键线路工期意义重大。

3）引水斜井/竖井。 抽水蓄能电站引水斜井/竖井施工一直是工程建设的重难点之一，施工难度高、安全风险大。 采用 TBM 施工，可提升斜井/竖井施工本质安全。国外已有 80 多个斜井项目成功应用 TBM 进行施工，其施工方法和安全性已得到充分验证。 研究斜井 TBM 应用（包括工程标准化设计、设备研制、施工工法），有较大的现实需求和技术创新意义。

2.1.2 标准化设计原则

为充分发挥 TBM 设备优势，抽水蓄能电站地下洞室需进行适应性优化设计和标准设计，遵循隧洞形式分类与断面尺寸变化少、同类隧洞多串联、空间布置转弯少、底坡适宜且少变等思路，尽量短洞长打、多洞连打，实现安全高效掘进。 据此确定抽水蓄能电站隧洞群优化设计原则如下：

1）各抽水蓄能电站内的隧洞断面宜设置为圆形，功能相同的隧洞断面尺寸尽量一致。

2）各抽水蓄能电站开挖尺寸需要统筹考虑永久期和施工期，不因局部洞段地质条件差异而影响隧洞开挖尺寸。

3）各抽水蓄能电站相邻隧洞尽量连通，连通后的隧洞断面型式和尺寸以满足主要隧洞的功能需要、兼顾相邻隧洞为原则。

4）为提高 TBM 设备通用性，各抽水蓄能电站功能不同的隧洞断面尺寸接近时，宜尽量统一。

5）空间布置上尽量平顺，转弯半径需考虑 TBM 设备转弯能力并留有余度，纵坡宜结合 TBM 爬坡能力、出渣难度等综合考虑，并控制变坡次数和幅度。

2.2　标准化设计

2.2.1　排水廊道标准化设计

2.2.1.1　标准化设计

目前，小断面隧洞 TBM 施工主要用在地下厂房排水廊道、引水高压管道排水廊道、自流排水洞等。

地下厂房排水廊道主要用于厂房洞室群排水，或作为厂房顶部斜向排水幕的施工通道，同时兼顾通风和检修要求，采用 TBM 施工时，厂房排水廊道通过螺旋形布置可将 3 层独立封闭的排水廊道连成整体，使得地下水汇流至集水井集中排出，或通过自流排水洞排出。引水高压管道排水廊道的功能与地下厂房排水廊道基本一致，主要目的是降低压力管道外水压力，采用 TBM 施工时，引水高压管道排水廊道可采用环形布置设计。如果地形条件允许，抽水蓄能电站通常还会设置自流排水洞，将排水廊道与洞外相连通，其洞径与厂房排水廊道一致。

结合 TBM 设备施工特点，地下厂房排水廊道、引水高压管道排水廊道、自流排水洞等小断面隧洞，平面洞线的设计转弯半径不小于 30m，纵坡在直线段不大于 5%，在转弯段不大于 3%，在满足布置要求的前提下尽量减少坡度变化。TBM 开挖洞径一般为 3.5 ~ 3.6m。

2.2.1.2　典型设计案例

文登抽水蓄能电站位于山东省威海市文登区界石镇境内，工程区出露基岩主要为晚元古代晋宁期二长花岗岩，中生代印支期黑云角闪（或角闪黑云）石英二长岩，均为高强度、高弹性模量的坚硬岩石，最大饱和抗压强度 130MPa；二长花岗岩 SiO_2 含量为 71.57% ~ 74.88%，石英二长岩 SiO_2 含量为 57.98% ~ 63.76%。工程区两种岩性均为块状岩体，卸荷作用较弱，卸荷带厚度均较小；出露的岩体以侵入岩为主，岩体较完整，透水性较弱，其水文地质条件较为简单，地下水主要沿断层破碎带、张性裂隙和风化壳等呈脉状或带状分布，地下水位总体上随地势的升高而抬高。

整个输水系统围岩条件相对较好，除上库进/出水口及尾水洞外的洞段均以Ⅰ ~ Ⅱ类围岩为主，局部洞井受断层影响，以Ⅳ ~ Ⅴ类为主；对于碎裂结构岩体，次生填泥普遍,并有一定数量的长大泥化结构面存在,属于Ⅲ类围岩,地下厂房系统断层不发育,仅发育 2 条Ⅳ级结构面,均为长大裂隙型断层,对厂房稳定影响较小;洞室围岩地应力为中等应力区,围岩强度应力比在 8 以上,地下厂房围岩大部分为Ⅰ类围岩,小断层切割部位为Ⅲ类围岩,且所占比例极小。 地下洞室不具备产生岩爆的埋深条件。

文登抽水蓄能电站岩体的物理力学性质指标,主要是根据室内外岩石(体)试验成果统计资料,结合国内类似工程经验给出了各项指标建议值(见表 2.2.1-1)。

表 2.2.1-1	地下洞室围岩物理力学性质指标建议值				
项 目	围 岩 类 别				
	Ⅰ	Ⅱ	Ⅲ	Ⅳ	Ⅴ
干密度/(g/cm³)	2.63	2.63	2.63	2.1	2.1
干抗压强度/MPa	130	120	100		
饱和抗压强度/MPa	110	100	80		
坚固性系数	8~10	5~7	3~5	1~3	0.5~1

引水高压管道上层排水廊道采用 TBM 施工时,排水廊道可采用环形布置,平面洞线的设计转弯半径最小为 30m,纵向坡度在直线段不大于 5%,在转弯段不大于 3%,TBM 开挖洞径为 3.5m。 TBM 组装洞尺寸为 33m×7.5m×9m(长×宽×高),城门洞形,TBM 始发洞段长 7m,直径 3.6m,具体见图 2.2.1-1。

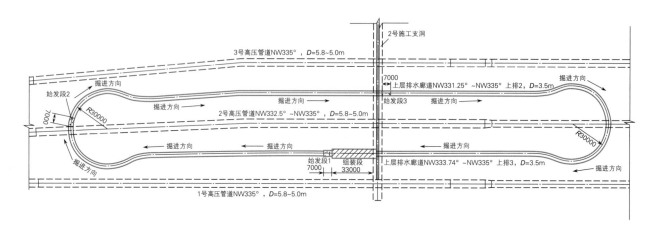

图 2.2.1-1 引水高压管道上层排水廊道布置示意图(单位:mm)

地下厂房中层、下层排水廊道采用 TBM 施工时，可采用螺旋形布置（见图 2.2.1 - 2），排水廊道开挖断面、洞线平面布置、纵坡设置、始发洞、接收洞等技术控制参数与高压管道上层排水廊道一致。

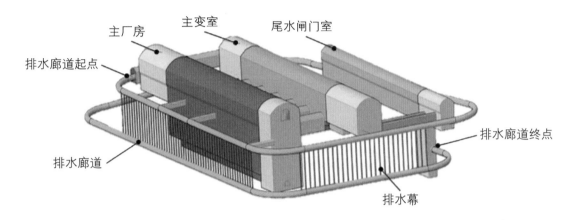

图 2.2.1 - 2　地下厂房中层、下层排水廊道布置示意图

文登抽水蓄能电站引水上层排水廊道和地下厂房中下层排水廊道，基于钻爆法施工按照工程类比法进行的支护设计，其中Ⅱ类、Ⅲ类围岩洞身段整体采用喷混凝土支护，局部不良地质段采用锚杆和钢筋网喷护。实际在 TBM 掘进过程中，隧洞洞壁受开挖影响较小，加上本身围岩完整性就较好，Ⅱ类、Ⅲ类围岩段的喷护工作并未紧跟开挖面施工；Ⅵ类围岩段，按照设计的支护方式进行了支护。

2.2.2　交通洞及通风洞标准化设计

2.2.2.1　标准化设计

抽水蓄能电站可用作 TBM 施工的大断面平洞主要为地下厂房交通洞、通风洞兼安全洞等。地下厂房交通洞主要用于大件运输、施工期和运行期的进厂交通通道。通风洞兼安全洞是厂房顶拱的施工通道，是主厂房开挖的关键线路项目，其功能主要是用于施工期厂房系统的施工通道、运行期通风等。目前，抽水蓄能电站地下厂房交通洞和通风洞主要采用两种布置方式，即洞口分散独立式布置和洞口集中并列式布置。

根据大断面 TBM 设备施工的技术经济特点，交通洞、通风洞等大断面平洞，平面洞线的设计转弯半径不小于 90m，纵坡在直线段不大于 10%，在转弯段不宜大于5%，在满足布置要求的前提下尽量减少转弯和坡度变化。

抽水蓄能电站交通洞断面尺寸的控制因素主要为开挖出渣交通、机电设备运输、压力管道钢岔管运输。 通风洞断面尺寸的控制因素主要为开挖出渣交通。 交通洞断面通过一次开挖成型或者二次扩挖底板仰拱均可满足交通洞功能需要，其中一次开挖成型需要的开挖直径为 9.5m 左右，二次扩挖底板仰拱需要的开挖直径为 8.8m 左右。 对于大型钢岔管，可采用分瓣运输至安装场地，进行洞内组装和验收。

通风洞可直接利用交通洞 TBM，一次形成开挖断面，并对开挖断面底部进行回填，形成路面结构。

2.2.2.2 典型设计案例

抚宁抽水蓄能电站位于河北省秦皇岛市抚宁区境内，地处冀东沿海地带中部，属燕山山系的黑山山脉，出露地层主要有太古界安子岭片麻岩套、上太古界混合花岗岩与第四系地层。 地下洞室围岩主要发育有混合花岗岩、钾长花岗岩和少量的片麻岩，其中，混合花岗岩饱和抗压强度为 192.09MPa，石英含量 35%～40%；钾长花岗岩饱和抗压强度为 200.61MPa，石英含量 30%～35%。 工程区地下水主要为基岩裂隙水和第四系孔隙潜水。

交通洞沿线地形起伏，沿途穿越多条冲沟，隧洞埋深一般为 80～300m。 围岩总体为镶嵌～次块状结构，局部为碎裂结构，围岩类别以Ⅲ类为主，约占 60%；洞口浅埋段、断层影响带及岩性接触带为Ⅳ类围岩，约占 30%；断层破碎带及裂隙密集带为Ⅴ类围岩，约占 10%。 地下水埋深 50～120m，进厂交通洞多位于地下水位以下，岩体呈弱～微透水性，断层、节理密集发育部位为中等～强透水性，地下水活动以渗水为主，局部可见滴水现象。

通风洞围岩总体为镶嵌～次块状结构，局部为碎裂结构，围岩类别主要为Ⅲ类，约占 55%；断层影响带及进口段为Ⅳ类，约占 35%；断层破碎带为Ⅴ类，约占 10%。 通风洞多位于地下水位以下，地下水活动以渗水为主，局部可见滴水，岩体弱～微透水性，断层、节理密集发育部位为中等～强透水性。

穿越地下厂房段地面高程为 358.00～485.00m，地面坡度 45°～50°，上覆岩体厚度 204～330m。 洞室围岩岩性为钾长花岗岩，呈微新状，岩体结构以块状为主，局部呈次块状～碎裂结构，岩体较完整～完整性差。 出露断层有 5 条断层，其中 fp54 断层破碎带宽度 1.0m，破碎带由两条小断层及影响带组成。 其余断层规模均较小，宽度小于 0.5m。 断层部分有蚀变现象，蚀变严重。 裂隙主要发育 NNW、近 EW 和 NE 向 3 组裂隙，倾角主要以陡倾角为主，局部有少量缓倾角裂隙发育。 洞室位于地下水位线下约 120m，岩体以弱～微透水为主。 地下厂房区地应力属于中等应力场；洞室围岩总体以Ⅲ类为主，断层影响带为Ⅳ类，断层破碎带为Ⅴ类。

抚宁抽水蓄能电站岩体的物理力学性质指标，主要是根据室内外岩石（体）试验成果统计资料，结合国内类似工程经验给出了各项指标建议值（见表2.2.2-1）。

表2.2.2-1　　　　　地下洞室岩体物理力学参数建议值

围岩分类	渗透系数/(cm/s)	饱和抗压强度/MPa	饱和抗拉强度/MPa	弹性模量/GPa	变形模量/GPa	岩体抗剪断强度		泊松比	坚固性系数	单位弹性抗力系数/(MPa/cm)
						摩擦系数	黏聚力/MPa			
Ⅱ	3×10^{-6}	75～100	2.5～3.5	20～25	16～22	1.20～1.30	1.50～1.70	0.22～0.25	5～7	50～60
Ⅲ	5×10^{-5}	60～75	1.5～2	14～20	7～12	0.90～1.00	0.70～0.95	0.25～0.3	3～5	30～40
Ⅳ	5×10^{-4}	5～15		3～4	2～3	0.60～0.70	0.35～0.55	0.3～0.35	1～3	5～15
Ⅴ	$5 \times 10^{-3} \sim 8 \times 10^{-3}$	<5		0.5～1.0	0.3～0.5	0.40～0.50	0.10～0.20	0.35～0.4	<1	<5

交通洞、通风洞三维布置如图2.2.2-1所示。交通洞、通风洞采用敞开式TBM全断面掘进，掘进断面为圆形，直径9.5m。交通洞长度为871.54m（含接收洞长15m，马蹄形断面）。通风洞长度为1193.01m（含始发洞长20m+5m，其中马蹄形断面段长20m，圆形断面段长5m）。厂房段长度164m，其中采用TBM施工的隧洞总长度为2188.55m。交通洞平面转弯半径全部采用$R=100$m，转弯段纵坡采用3%，局部最大纵坡4%，其余洞段最大纵坡为5.9%。通风洞进厂房之前的平面转弯半径采用$R=90$m，其余洞段转弯半径采用$R=100$m，纵坡全部采用2.5%。

TBM设备由通风洞始发洞开始掘进，沿通风洞掘进，在通风洞末端高程149.63m进入厂房，沿顶拱水平纵向穿越厂房，过厂房端墙28.96m后，开始以9.0%纵坡下降、直线掘进，然后以4%纵坡下降、弯道掘进，在桩号0+689.30处与交通洞相接，然后沿交通洞掘进，从交通洞出口处的接收洞掘出。

交通洞、通风洞沿线围岩类别为Ⅲ类、Ⅳ类和Ⅴ类，TBM开挖洞段支护参数为：Ⅲ类围岩段顶拱布置系统砂浆锚杆，ϕ22@1.5m×1.5m，$L=3.0$m，全断面喷C25混

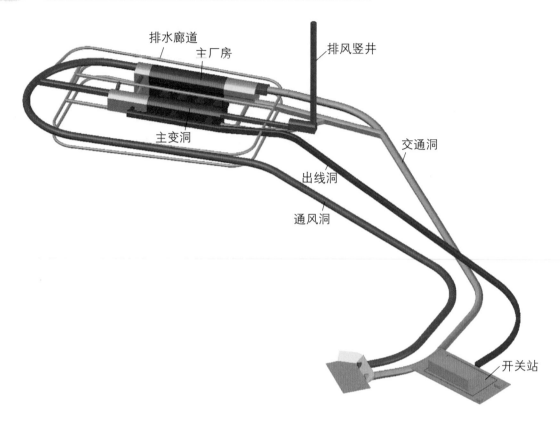

图 2.2.2 - 1　交通洞、通风洞三维布置图

凝土厚 15cm，顶拱挂钢筋网 φ8@20cm × 20cm；Ⅳ类围岩段上部 180° 范围布置系统砂浆锚杆，⚒25@1.25m × 1.25m，$L = 4.0m$，全断面喷 C25 混凝土厚 20cm，挂钢筋网 φ8@20cm × 20cm，同时采用Ⅰ18 钢支撑；Ⅴ类围岩段上部 270° 范围布置系统砂浆锚杆，⚒25@1.25m × 1.25m，$L = 4.0m$，全断面喷 C25 混凝土厚 20cm，挂钢筋网 φ8@20cm × 20cm，同时采用Ⅰ18 钢支撑和 40cm 厚衬砌混凝土进行支护。

2.2.3　引水斜井标准化设计

按照斜井设计方案与 TBM 设备性能相互适应的程度，分为两类研究技术路线：一是以设计调整适应设备性能为主，改变斜井传统分级布置方式；二是以提升设备性能适应传统设计为主，维持分级布置。这两类主要在立面布置上有差异，在平面布置、洞径、支护等方面的设计思路基本一致。

2.2.3.1　立面布置设计

（1）一级斜井布置方式。

该布置方式为调整设计布置方案，将两级斜井布置方式调整为一级长斜井布置，以适应并发挥 TBM 设备的性能，立面布置如图 2.2.3 - 1 所示。

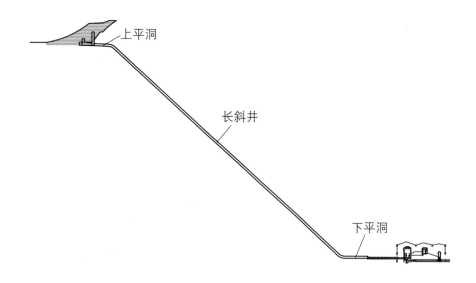

图 2.2.3 - 1　一级长斜井立面布置示意图

（2）两级斜井布置方式。

该布置方式保持传统的两级斜井布置型式不变，研发提升 TBM 设备性能，使其具备可变径、可变坡能力，以适应变断面的平洞及斜井连续施工，立面布置如图2.2.3 - 2 所示。

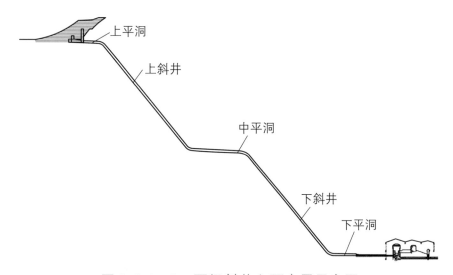

图 2.2.3 - 2　两级斜井立面布置示意图

2.2.3.2　平面布置设计

TBM 施工的平面布置与原钻爆法方案基本一致，一般需关注平洞长度，以满足设备组装空间要求,同时施工支洞的布置要与选择的斜井立面布置方案相适应。 某工程引水斜井平面布置示意如图2.2.3－3所示。

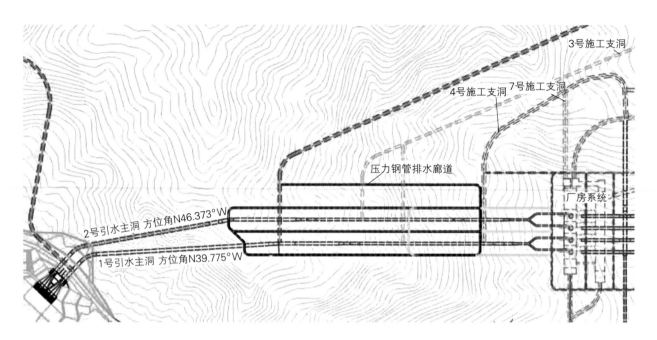

图 2.2.3－3 某工程引水斜井平面布置示意图

2.2.3.3 管径标准化设计

收集整理数十个在建及拟建工程斜井布置调整后的参数,在满足水流惯性时间常数 T_w 值和水头损失可控的原则下,开展归并试算,结论如下:

1)单斜井的立面布置可以满足 TBM 设备开挖的要求。

2)引水系统采用"一管两机"供水方式,单机 300MW,高压管道段采用钢板衬砌型式,水头 400～500m 时,管径基本可以统一为 5.8m;水头大于 500m、单机 350MW 时,管径也可以近似统一为 5.8m。

3)引水系统采用"一管两机"供水方式,高压管道采用钢板衬砌型式,水头小于 400m 时,应根据具体工程情况进行分析。

若选择立面布置不变、两级斜井布置方案,由于 TBM 设备可变径,两级斜井可保持原断面尺寸,也可统一断面以减少变径环节。

2.2.3.4 支护设计

TBM 设备支护能力:顶拱 180° 采用挂网和系统锚杆支护(单根锚杆长度不超过 3.5m,与岩壁的法向夹角为 30°～35°),顶拱 240° 采用喷混凝土支护,全断面采用工18 型钢拱架支护。 在增设或改造锚杆钻机的情况下可以满足顶拱 270° 采用挂网和系统锚杆支护。

结合 TBM 设备支护能力和洞室安全稳定控制要求，某工程引水斜井开挖支护参数见表 2.2.3–1。

表 2.2.3–1   引水斜井钻爆法方案及 TBM 方案开挖支护参数   单位：mm

方案	支护参数	Ⅱ类围岩	Ⅲ类围岩	Ⅳ类围岩	Ⅴ类围岩
钻爆法方案	喷层	喷混凝土 120	喷混凝土 150	喷混凝土 150	喷混凝土 200/280（钢拱架）
	钢筋网	—	φ8@200×200	φ8@200×200	φ8@200×200
	锚杆	φ25，L=3000，1500×1500	φ25，L=3000，1200×1200	φ25，L=4500，1000×1000	φ25，L=4500，1000×1000
	拱架	—	—	钢拱架，纵距800	钢拱架，纵距500
TBM方案	喷层	顶拱 240°范围喷混凝土 80	顶拱 240°范围喷混凝土 100	顶拱 240°范围喷混凝土 200	顶拱 240°范围喷混凝土 200
	钢筋网	—	顶拱 240°范围φ8@200×200	顶拱 240°范围φ8@200×200	顶拱 240°范围φ8@200×200
	锚杆	—	顶拱 240°范围φ25，L=3500，1200×1200	顶拱 240°范围φ25，L=4500，1000×1000	顶拱 240°范围φ25，L=4500，1000×1000
	拱架	—	—	全断面工18，间距800	全断面工18，间距500

2.2.3.5 典型设计案例

（1）单斜井布置方式案例。

洛宁抽水蓄能电站引水斜井 TBM 方案设计：高压管道主管立面上采用单斜井布置，设上平段、斜井段、下平段，开挖断面 7.2m，斜井角度 36.49°。上平段纵坡 8%，1 号、2 号高压管道斜井主管长度均为 1054.02m，高压管道斜井全部采用钢板衬砌。洛宁抽水蓄能电站引水斜井 TBM 方案与钻爆法方案特征参数见表 2.2.3–2 和表 2.2.3–3。

表 2.2.3‒2　洛宁抽水蓄能电站引水斜井 TBM 方案与钻爆法方案特征参数(一)

项目部位	TBM 单斜井方案			钻爆法双斜井方案		
	长度 /m	开挖洞径 /m	钢衬内径 /m	长度 /m	开挖洞径 /m	钢衬内径 /m
上平段	57.993	7.0	5.8	50.813	7.5	6.5
上弯段 1	16.712	7.0	5.8	29.021	7.5	6.5
斜井上部	246.227	7.0	5.8	267.017	7.5	6.5
下弯段 1	—	—	—	29.021	7.5	6.5
中平段	—	—	—	424.163	6.8	5.6
上弯段 2	—	—	—	29.021	6.8	5.6
斜井下部	675.792	7.0	5.8	272.387	6.8	5.6
下弯段 2	19.107	7.0	5.6	31.416	6.8	5.6
下平段	38.186	6.8	5.6	30.621	6.8	5.6
总长度	1054.02			1163.58		

表 2.2.3‒3　洛宁抽水蓄能电站引水斜井 TBM 方案与钻爆法方案特征参数(二)

项目名称	TBM 单斜井方案	钻爆法双斜井方案
水流惯性时间常数 T_w/s	1.06	1.22
水头损失 h_w/m	13.586	14.234

（2）两级斜井布置方式。

平江两条引水隧洞，其中引水上斜井开挖直径 8m，倾角 50°，两条上斜井平均长度 478m；中平洞平均长度 193m、底坡 8%，开挖洞径 7.5m；下斜井开挖直径 6.5m，倾角 50°，平均长度 488m；下平洞平均长 93m，斜井上下弯段转弯半径均为 30m。

TBM 施工设计方案中，引水系统总体布置及洞径未做调整，仅将斜井上下弯段转弯半径调整为 50m。

平江引水系统钻爆法方案及 TBM 方案特征参数见表 2.2.3‒4。

2.2.4　竖井标准化设计

竖井是抽水蓄能电站中常见的洞室结构布置型式，规模较大的竖井主要有引水隧洞竖井、进/出水口闸门井、调压井、厂房排风竖井、出线竖井等。 开挖大多采用反

表 2.2.3-4　　　　　　平江引水系统钻爆法方案及 TBM 方案特征参数

项 目 特 征	钻爆法方案		TBM 施工方案	
	1 号引水主洞	2 号引水主洞	1 号引水主洞	2 号引水主洞
引水主洞长度/m	1316.544	1342.325	1314.275	1339.352
混凝土段衬砌长度/m	559.698	548.817	588.812	547.931
混凝土衬砌段开挖直径/m	8.0	8.0	8.0	8.0
钢衬段长度/m	756.846	793.508	725.463	791.421
钢衬段开挖直径/m	6.5	6.5	6.5	6.5
上平段长度/m	50.375	50.375	50.375	50.375
上斜井上下弯段长度/m	31.34+23.785	29.649+23.785	31.34+39.642	29.649+39.642
上斜井直线长度/m	424.198	422.677	415.827	414.306
中平段长度/m	253.042	187.878	215.567	171.134
下斜井上下弯段长度/m	23.785+26.18	23.785+26.18	39.642+43.633	39.642+43.633
下斜井直线长度/m	433.336	442.82	417.794	425.123
下平段长度/m	50.503	135.176	60.455	125.848
斜井角度/(°)	50	50	50	50

井钻＋正向扩井施工,少数采用正井法施工。

　　为推进竖井开挖施工机械化,提高掘进效率,减少对围岩扰动,改善安全作业条件,可采用竖井掘进机（如 SBM 设备）自上而下全断面一次开挖。SBM 与 TBM 在掘进破岩机理方面基本相同,均利用撑靴顶住岩壁面以固定主机,再利用推力油缸和旋转式刀头及刀具压剪岩体,使其破碎。

2.2.4.1　竖井布置设计

　　竖井布置与枢纽总布置方案、地形地质条件、水力条件、功能要求等密切相关,图 2.2.4-1 为典型排风竖井布置示意图。抽水蓄能电站各类竖井的尺寸初步统计如下:

　　1）引水竖井（单级）高度 200~400m,开挖直径 6~8m。

2）进/出水口闸门井高度 50～80m，采用圆形开挖时直径 8～10m。

3）调压井（大井）高度 50～100m，开挖直径 12～15m。

4）厂房排风竖井高度 150～300m，开挖直径 7～8m。

5）出线竖井高度 200～350m，采用圆形开挖时直径 10～12m。

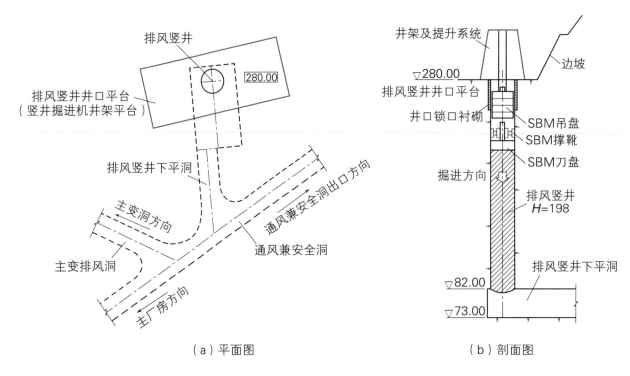

（a）平面图   （b）剖面图

图 2.2.4-1　典型排风竖井布置示意图（单位：m）

目前国内 SBM 设备研发及应用试验的最大开挖直径为 7.8m，并首次在浙江宁海抽水蓄能电站厂房排风竖井试用。采用 SBM 开挖，对竖井高度基本没有限制；而对竖井断面尺寸的适用性，则在于设备本身对刀盘尺寸及配套系统的研发情况。目前引水隧洞、厂房排风竖井具有一定的适用性。

根据 SBM 自上而下的掘进方向，为满足掘进始发的要求，通常井口段需预先开挖 8～10m，并根据围岩承载能力（即满足撑靴荷载作用）考虑设置混凝土衬砌。SBM 后配套系统随着刀盘的掘进，陆续在井口段完成组装。为满足提升井架、卷扬设备、稳定系统等辅助设施的布置，井口平台场地应有足够的空间，并以开敞式场地为宜。

SBM 完成掘进后，通常考虑在井底进行拆卸，并通过与竖井底部连通的洞室（永久洞室或施工支洞等）运输出洞。根据 SBM 拆卸后最大单体尺寸运输空间要求，拟定运输洞室的断面尺寸。

目前竖井 SBM 开挖出渣方式包括两种：一种是设置提渣料斗，通过井架提升系统进行正向提升出渣；另一种是预先采用反井钻完成直径 1.4～2.0m 的导井，SBM 开挖，通过导井溜渣。 从出渣效率、作业安全、便于排水等方面综合比较，在竖井底部具备形成通道的情况下，宜采用 SBM＋导井的开挖方式。

2.2.4.2 支护设计

竖井支护包括初期支护和永久支护。 支护参数按照相关规范拟定，并遵循及时支护的原则。 采用 SBM 开挖时，支护实施的时机与 SBM 设备本身研发的功能密切相关，要求能够同步随着开挖掘进，及时完成初期支护。 目前 SBM 研发的支护作业平台设置在后配套系统（吊盘）中，基本具备井壁水平 360° 锚杆及挂网喷混凝土施工的条件，锚杆长度以 2.0～3.0m 为宜，入岩角度为径向方向。 刀盘钻进与支护作业工序可交替进行，钻进工序完成并通风排烟后，作业人员、设备、材料等通过井架提升系统，进入支护作业平台。

2.2.4.3 典型设计案例

浙江宁海抽水蓄能电站厂房排风竖井为运行期地下厂房及主变洞的主要排风通道，并在施工期为厂房等地下洞室施工提供良好的通风条件。 厂房排风竖井高度 198m，采用竖井掘进机（型号 SBM7830）自上而下进行开挖试用，在国内抽水蓄能电站工程中属首例。 竖井开挖直径根据设备型号拟定为 7.8m，能够满足排风设计要求，全断面开挖一次成型，并采用提升出渣方式，即盲井法出渣。 其中，井口 10m 段考虑作为 SBM 设备的始发段，采用钻爆法开挖，设置 80cm 厚钢筋混凝土衬砌，衬后直径 8.0m。 井口场地高程 280.00m，面积约 70m×15m，布置控制室和提升井架、卷扬设备、稳定系统等辅助设施。 井底接下平洞，高程 82.00m，下平洞断面净尺寸 15.0m×9.0m（宽×高），与厂房通风兼安全洞平交。 通风兼安全洞断面净尺寸 7.0m×6.5m（宽×高），作为 SBM 拆卸后的运输交通通道。 SBM 提升井架布置在井口，井架底部尺寸为 15.3m×15.3m，高度 25.87m。 厂房排风竖井 SBM 施工示意见图 2.2.4－2。

排风竖井围岩为西山头组含砾玻屑凝灰岩，其中井口段 5m 为强风化层，围岩为Ⅳ类；井深 5～25m 为弱风化岩石，围岩以Ⅲ类为主，局部陡倾角节理较为发育；井深 25～70m 为微风化岩石，井深 70m 以下为新鲜岩石，围岩Ⅱ～Ⅲ类，岩体完整性差～较完整，成井条件好。 井壁揭露有陡倾角节理，局部产生不稳定块体，需及时支护处理。 整个井身段位于地下水位以下，沿节理、破碎带有渗滴水或线状流水现象，施工期需采取抽排措施。

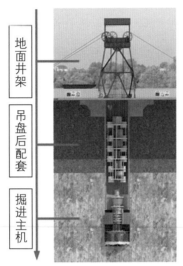

图 2.2.4-2　厂房排风竖井 SBM 施工示意图

排风竖井（除井口段）永久支护结构采用喷锚支护，按照《岩土锚杆与喷射混凝土支护工程技术规范》（GB 50086—2015）的建议值，并考虑机械开挖对井壁围岩损伤相对较小等因素，按围岩类别拟定支护参数（见表 2.2.4-1）。根据吊盘与主机之间油、气、电等管线布置，吊盘与主机之间约有 4m 可滞后距离，即开挖进尺 4m，可进行一次支护。

表 2.2.4-1　　　　　　　　　　　　排风竖井支护参数

围岩类别	支护参数
II	系统锚杆⣷22@1.5m×1.5m，L＝3.0m，入岩 2.9m； 喷素混凝土 C30 厚 5cm，随机挂网φ8@20cm×20cm，挂网部位喷厚 10cm； 随机排水孔 φ50mm，L＝3m
III	系统锚杆⣷22@1.5m×1.5m，L＝3.0m，入岩 2.9m； 挂网喷混凝土 C30 厚 10cm，网筋φ8@20cm×20cm； 随机排水孔 φ50mm，L＝3m
IV	系统锚杆⣷25@1.25m×1.25m，L＝4.5m，入岩 4.4m； 挂网喷混凝土 C30 厚 15cm，网筋φ8@20cm×20cm； 钢筋拱肋 3⣷25@0.75～1.0m； 随机排水孔 φ50mm，L＝3m

2.3 施工组织设计

与传统钻爆法开挖相比，洞室 TBM 开挖的施工组织设计与建设期的施工管理有着本质的不同，做好洞室 TBM 开挖的相关施工组织设计十分必要。

2.3.1 设备选型与性能要求

抽水蓄能项目普遍地质条件尚可，且地勘工作相对翔实，在 TBM 设备选型时，宜选用适用于中硬岩掘进的敞开式或者更为灵活的双护盾式，考虑到小转弯半径等需求，需对主机进行适应性设计和结构创新。

根据洞室地质条件、隧洞断面尺寸及支护要求，设备可选择搭载超前勘探系统、锚杆钻机、应急混凝土喷射设备、钢拱架安装器等。

2.3.2 主要施工程序

TBM 主要施工程序为：设备进场→洞口组装、调试→始发→掘进→设备拆除、转场。 TBM 应用于小断面排水廊道、斜井/竖井、辅助交通洞室部位的典型施工路线示意见图 2.3.2 - 1。

2.3.3 TBM 施工组织设计

（1）施工交通。

采用 TBM 施工与采用传统钻爆法施工，场外交通的控制因素均为厂房机电设备的重大件，故两者场外交通运输的要求基本无差异。 一般来说，TBM 设备运输对场内主要交通不构成制约，但需复核场内钢管运输路径的改变对场内交通带来的影响。

（2）施工场地布置。

TBM 施工需要建设特殊的临时工程，主要为转渣场地以及组装、拆机等场地，其他施工场地要求与传统钻爆法基本类似。

在施工工厂设计方面，TBM 施工所需的拌和站、加工厂、中心试验室、仓库、办公区、生活区等施工场地要求，与钻爆法基本类似。

（3）施工供电、施工通风、施工供水。

TBM 设备用电要求较高，以平江抽水蓄能电站为例，直径为 3.6m 的 TBM 设备功

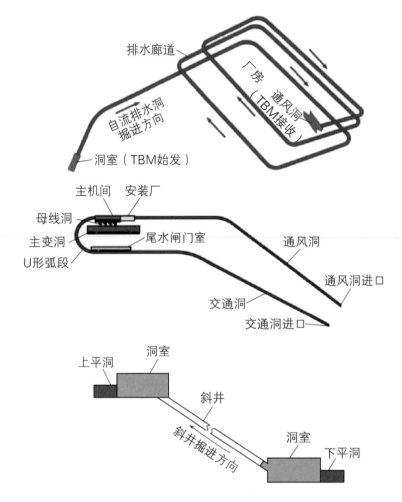

图 2.3.2－1 TBM 典型施工路线示意图

率为 1000kW；直径为 6.5m（8m）的斜井可变径 TBM 设备功率为 3800kW；直径为 10m 的 TBM 设备功率为 6000kW。 传统抽水蓄能项目施工供电高峰负荷一般为 7000～ 10000kW，采用 TBM 施工，需对施工供电进行扩容，并采用专线供电方式。

施工通风：由于采用 TBM 施工后优化了施工通道布置，施工期通风的工作面减少，单工作面长度较长，TBM 施工通风的规划布置较传统钻爆法的要求更高，需提供长距离、多转弯条件下的通风方案，或利用施工通道分段通风。

施工供水：TBM 施工期供水需求在钻爆法施工供水需求上略有增加，需根据具体使用部位测算高峰供水需求。

（4）设备拆装。

TBM 设备拆装应从快速拆装、设备小型化、拆装工艺等三个方面着手。

在 TBM 快速拆装方面，传统的 TBM 分块之间以焊接方式连接，拆装次数较多时适应性较差。 需多次拆装的小断面 TBM 以高强度螺栓连接、大直径销轴定位受力，无需焊接即可保证使用要求，拆装方便，大断面 TBM 可探索短距离施工刀盘栓接方式。 TBM 大量采用轻量化、模块化设计，如刀盘、盾体采用 Q355ND 材质，做到"轻而不弱"且拆装工作量降低。

在设备小型化方面，对抽水蓄能电站地下电站地质条件进行针对性设计，综合考虑 TBM 自身结构、设备性能、施工效率、制造成本等因素，TBM 紧凑设计与多样化功能需求之间的矛盾统一关系，是设备研制面临的挑战。

在拆装工艺方面，TBM 整机遵循模块化、轻量化、装配化的设计理念，最大程度降低 TBM 对拆装洞室尺寸、起吊设备能力、人员操作技术的要求，同时选择适用洞内拆装的机械设备，优化拆装方案，简化拆装程序。

（5）开挖出渣及渣料利用。

TBM 施工出渣有机车出渣和连续皮带机出渣等方式。 若条件允许，宜优先选择费用较低的有轨出渣方案。 斜井出渣采用专用封闭式溜渣通道，避免渣石飞溅和破坏成型洞壁。 斜井布置应保持一定倾角以确保可自行溜渣，同时考虑局部水力辅助冲渣，并配套切实可行的污水处理措施。

TBM 开挖洞渣受限于 TBM 旋转刀头切屑岩体前进的破岩工艺，滚刀将岩体挤压破碎时，渣料多为片状、薄片状并有较高的石屑（粉）量，同时，TBM 掘进时需不断喷水降温、降尘等，以致其开挖料含水率较高。 刀盘挤压后渣料颗粒较细、石粉含量较大、呈片状，且料块隐裂隙多，对母岩强度有损伤，这些因素都可能影响 TBM 开挖料的利用率。

关于 TBM 开挖料的试验数量不多，成果差异较大，对于其可利用性尚无统一定论，宏观上判断 TBM 开挖料作为砂石骨料料源的可利用性，与母岩的岩性、强度、完整性等较为相关。 总体来说，将 TBM 开挖料作为人工砂、喷混凝土骨料、豆砾石回填灌浆骨料料源，是较为可行的利用方案之一。

从综合利用的角度，可考虑利用 TBM 开挖料作为工程级配碎石、道路垫层等的填筑用料，石粉可作为沥青混凝土填充料、石粉砖、仿石涂料等原料。 其作为砂石骨料的可行性，以及工程土石方平衡，需针对具体项目应用情况，开展专题研究。若采用大规模非爆开挖，开挖料利用将成为重要课题。

（6）不良地质段施工措施。

TBM 施工需针对不同的不良地质条件采用相应处理技术确保安全顺利掘进，主要有：针对施工中地质条件变化采用前向三维激发极化超前地质探测系统进行 TBM 超前地质预报技术；针对坚硬岩及高石英含量岩体的盘形滚刀处理技术；针对断层破碎围岩的 TBM 支护技术；提高混凝土喷射质量的智能喷混系统技术；TBM 隧洞开挖施工中应对高地下水、涌水、岩爆等的处理技术。

2.3.4　施工进度分析

进厂交通洞及通风洞采用 TBM 施工，工期可节约 2~4 个月，厂房顶拱可提前 2~4 个月具备开挖条件。考虑通风洞布置在厂房一端顶拱，交通洞布置在厂房另一端的安装间，可通过交通洞某一高程分叉布置 1 条施工支洞到厂房顶拱，形成一个环线，将通风洞、主厂房顶拱中导洞、交通洞采用 TBM 施工完成，其主要目的是将关键线路上的厂房顶拱尽早完成，可缩短顶拱开挖工期 1~2 个月，工程总工期总计减少 3~6 个月。

引水系统采用 TBM 施工，工期更为可控，第一条引水洞可提前约 8 个月完工，为首台机提前发电创造条件。

排水系统施工进度安排较为灵活，不控制总工期，采用 TBM 施工，可提前贯通排水系统，提前为整个厂房系统创造自流排水条件。

2.4　技术经济分析

2.4.1　现行定额的适应性分析

建设工程定额体系分为国家定额、行业定额、地区定额。其中国家定额（通用定额）没有涉及隧洞工程；行业定额中涉及隧洞工程的主要有城建建工行业中的市政工程和城市轨道交通工程、铁路、公路交通、煤炭、水电、水利等；部分地区基于以上行业定额制定的地区定额也相应涉及隧洞工程。

（1）市政工程。

原建设部以建标〔2007〕240 号文发布的《市政工程投资估算指标》第六册《隧道工程》（HGZ 47—106—2007）及《全国统一市政工程预算定额》第四册《隧道工程》，均包括岩石隧道工程和软土隧道工程。岩石隧道中，岩石坚固性系数按 $4 \leqslant f \leqslant 18$ 进行编制，开挖施工方案分电力起爆开挖或钻爆法开挖、岩石破碎机开挖、静力破碎开挖、悬臂式掘进机开挖、岩石切割机开挖等进行编制。软土隧道适用于城市范围内的软土地基或沿海地区细颗粒的软弱冲积土层，采用设备为盾构机。

（2）城市轨道交通工程。

住房和城乡建设部以建标〔2011〕99 号文发布的《城市轨道交通工程概算定额》第二册《车站、区间工程》，包括盖挖、暗挖土石方及支护工程，以及盾构工程。

山东省工程建设标准定额站以鲁标定字〔2019〕5 号文发布的《城市轨道交通工程预算定额山东省价目表（2019）》第三册《隧道工程》由矿山法和盾构法两大部分内容组成。

《浙江省城市轨道交通工程预算定额（2018 版）》第三册《地下区间工程》由矿山法隧道、盾构法隧道和矩形顶管法隧道等内容组成。

（3）铁路工程。

国家铁路局以国铁法〔2017〕33 号文发布的《铁路工程预算定额》第三册《隧道工程》适用于采用钻爆法施工的新建和改（扩）建铁路隧道工程；第十四册《补充预算定额第一册》适用于盾构机施工的隧道工程；第十五册《补充预算定额第二册》适用于大型机械化钻爆法开挖的新建铁路隧道工程。

（4）公路交通工程。

《公路工程估算指标》（JTG/T 3821—2018）、《公路工程概算定额》（JTG/T 3831—2018）、《公路工程预算定额》（JTG/T 3832—2018）中的隧道工程是按一般凿岩机钻爆法施工进行编制的。

（5）水电工程。

水电水利规划设计总院可再生能源定额站发布的《水电建筑工程概算定额（2007 年版）》中的平洞石方开挖、斜井石方开挖、竖井石方开挖工程是按一般凿岩机钻爆法施工进行编制的。

（6）水利工程。

水利部以水总〔2002〕1168 号文发布的《水利建筑工程概算定额》中的平洞石方开挖、斜井石方开挖、竖井石方开挖工程是按一般凿岩机钻爆法施工进行编制的。

水利部以水总〔2007〕118 号文发布的《水利工程概预算补充定额（掘进机施工隧洞工程）》（以下简称"水利掘进机施工定额"），包括全断面岩石掘进机（TBM）施工、盾构施工。全断面岩石掘进机（TBM）施工又分为双护盾 TBM 和敞开式 TBM 两类，隧洞工程定额子目构成划分为 TBM 安装调试及拆除、TBM 掘进、预制混凝土管片制作及安装、回填及灌浆、钢拱架安装、喷混凝土、钢筋网制作及安装、锚固剂锚杆、出渣、材料运输。

综上所述，现有建设工程定额体系中隧洞工程的定额编制采用的施工方法基本上是按矿山法和盾构法，不适用于 TBM 施工。只有"水利掘进机施工定额"适用于 TBM 施工，但仅只适用于平洞，不适用于斜井和竖井。

"水利掘进机施工定额"发布时间较早，主要对象为水利项目超长引水洞，而抽水蓄能电站具有单洞长度短的特点。运用"水利掘进机施工定额"分析抽水蓄能电站 TBM 施工的经济性会存在 TBM 设备折旧摊销方式、TBM 施工月进尺指标、TBM 施工的人员配备和材料消耗等多个关键指标不符合抽水蓄能电站隧洞的实际情况。因此，抽水蓄能电站 TBM 施工平洞的经济性分析可参考"水利掘进机施工定额"，但要根据抽水蓄能电站 TBM 施工的特点进行调整；抽水蓄能电站 TBM 施工斜井和竖井的经济性分析没有适用的现行定额，需另选取合理方式对其经济性进行分析。

同时，TBM 施工既带来了直接费用的变化，也带来了安全、质量、工期等综合效益，需对其进行综合经济分析及评价。

2.4.2　TBM 施工经济分析原则

TBM 施工经济分析采取定额法和实物法相结合的方法进行分析。根据抽水蓄能工程 TBM 施工的特点，定额中与实际差异较大，且与 TBM 施工密切相关的部分，如开挖、支护等，宜采用实物法分析计算；与传统钻爆法施工差别不大的部分，如衬砌、灌浆等，宜采用定额法分析计算；间接费、利润、税金等，采用经验方法分析选取合适的费率计算。

2.4.3　TBM 施工费用构成

TBM 施工费用是指在整个 TBM 施工流程中所发生的费用（开挖及初期支护费用），主要包括 TBM 设备的设备费和维修费、TBM 设备组装调试费和拆除费、TBM 设备运行费、TBM 设备场内外运输费等 TBM 设备掘进费用，以及为 TBM 设备掘进配套服务的供电照明措施、供水排水措施、通风除尘措施、通信措施、生产生活设施等的费用。将 TBM 施工费用依据《水电工程设计概算编制规定（2013 年版）》进行费用归类，按照水电工程设计概算的口径，TBM 设备开凿隧洞的费用可以通过工程单价计列进建筑工程投资，为 TBM 设备开凿隧洞服务的措施费用可在施工辅助工程投资和环境保护工程投资中计列。TBM 施工费用组成见表 2.4.3 - 1。

表 2.4.3 - 1　　　　　　　　　　　TBM 施 工 费 用 组 成

序号	TBM 施工费用分类	水电编规费用归类建议
一	TBM 设备掘进工程费用	
1	TBM 设备费	通过工程单价中的机械费计列进建筑工程投资
2	TBM 设备维修费	通过工程单价中的机械费计列进建筑工程投资
3	TBM 设备运行费	
3.1	人工费用	通过工程单价中的人工费计列进建筑工程投资
3.2	材料和动力费用	通过工程单价中的材料费计列进建筑工程投资
3.3	运输机械和小型机械的使用费	通过工程单价中的机械费计列进建筑工程投资
3.4	施工管理费用	通过工程单价中的间接费计列进建筑工程投资
4	TBM 组装调试费	施工辅助工程中的其他施工辅助工程中列项计取
5	TBM 拆除费	施工辅助工程中的其他施工辅助工程中列项计取
二	TBM 设备掘进配套服务工程费用	
6	TBM 设备场外运输费	
6.1	TBM 设备不同电站间的转场运输费用	归为工程单价间接费的进退场费，在施工辅助工程中的其他施工辅助工程中列项计取
6.2	为满足大型设备运到现场而改建、扩建、新建道路、加固桥梁等费用	施工辅助工程中的施工交通工程中列项计取
7	TBM 设备场内转场费	施工辅助工程中的其他施工辅助工程中列项计取
8	洞内通风措施费用	施工辅助工程中列项计取
9	供电照明措施费用	施工辅助工程中列项计取
10	供水措施费用	施工辅助工程中列项计取
11	排水措施费用	施工辅助工程中的其他施工辅助工程中列项计取
12	通信措施费用	施工辅助工程中列项计取
13	洞内运输条件建设费用	施工辅助工程中列项计取
14	TBM 施工生产生活场地修建费用	施工辅助工程中列项计取
15	TBM 施工废水处理费用	环境保护工程中列项计取

2.4.4 TBM 设备费摊销方式

按照抽水蓄能电站现有的建设模式，TBM 设备主要由施工单位配备。TBM 设备费的计算方式有购买和租赁两种，若使用里程较短，租赁设备较为经济；若使用里程较长，可购买设备，按单位里程进行折旧摊销。

现阶段，抽水蓄能电站建设处于高峰期，基于抽水蓄能项目洞室群、电站群的特点，TBM 设备有条件在同一电站不同洞室之间衔接使用、在多个电站之间衔接使用，将更有利于设备成本摊销及降低工程造价，故开展抽水蓄能项目 TBM 施工经济分析时，设备摊销费选用单位里程折旧摊销方式进行计算，具体摊销里程根据对后续衔接项目及可掘进里程等因素确定。一般以 3~4 个项目摊销完成为宜，单一电站中小断面排水廊道、引水斜井、辅助施工洞室的 TBM 可掘进里程可平均分别取 5km、2km、3.5km，进而可分别按 12~15km、6~8km、10~12km 进行设备摊销分析。

2.4.5 TBM 施工经济分析

（1）工程施工直接费用。

TBM 施工费用中占比重较大的有 TBM 设备费和维修费、TBM 运行费中的人工费、刀具费、施工用电费、施工管理费，另外，引水斜井中的组装洞、始发洞、拆机洞修建费用所占比重也较大，这些费用合计占 TBM 施工费用的 80% 左右，其中 TBM 设备费和维修费占 TBM 施工费用的 18%~32%，占比随摊销里程的增加而减少。

TBM 开挖的施工直接费用较钻爆法有所增加，主要受制于新技术在探索及应用初期，技术研发成本高、应用经验不成熟、市场化不全面等因素。随着进一步的推广普及，施工成本将会逐步降低。尤其是通过试点应用与总结改进后，将进一步提升设计标准化水平、施工现场管理水平和施工效率，进一步增强 TBM 设备对抽水蓄能电站地下隧洞的适应性，增加可掘进里程，从而显著降低 TBM 施工费用。

（2）抽水蓄能电站 TBM 施工安全、质量、工期效益评价。

总体来看，TBM 施工在安全、质量、工期方面的效益都是比较突出的。施工安全方面，规避了钻爆法爆破作业的安全风险，减少了作业人员数量，规范了施工通风作业，改善了施工作业环境，更有利于保障施工人员作业安全。施工质量方面，采用 TBM 开挖，对围岩的扰动较小，极大减少了潜在安全事故的发生及经济损失；基本杜绝了超挖超填及欠挖的发生及开挖面不平整度较大的问题，也克服了长斜井施工时导孔偏斜控制的难题，施工质量较钻爆法更优；相应节省支护、超挖超填、缺陷处理等工程费用。 施工工期方面，TBM 施工进尺可达钻爆法的 4 倍，能较为显著地节约工期，为单项工程工期及总工期缩短、提前投产创造条件，将带来显著的经济效益。

根据目前已有的研究成果，虽然抽水蓄能电站地下洞室 TBM 施工的直接费用较钻爆法有所增加，但将 TBM 施工在安全、质量、工期等方面效益内部化以后，TBM 施工与钻爆法施工在经济效益方面总体上是相当的。 以某工程初步测算成果为例，单一电站小断面排水廊道、辅助施工洞室、引水斜井部位应用 TBM 施工，在施工安全、质量、工期方面的效益见表 2.4.5 - 1。

表 2.4.5 - 1　　　　TBM 施工安全、质量、工期效益（初步测算）

项目	效益分析	量化效益占直接费增量的比例
安全	减少安全事故直接经济损失 减少安全事故的人员伤亡损失 减少安全事故工期损失	10%～20%
质量	减少质量事故的发生 减少超挖，节约回填费用 减少支护工程量	20%～30%
工期	提前投产发电带来的财务费用的减少、发电收入的增加 排水系统提前贯通节约抽排水费用	60%～70%
合　计		90%～120%

未来，随着 TBM 技术水平的提升及广泛的推广应用，同时考虑人力成本上升、安全环保要求越来越高等因素，TBM 施工的综合经济效益优势将逐步凸显。

3 装备篇

3.1 推广应用类

3.1.1 国内外类似装备基本情况

TBM 技术在引水隧道、电力隧道、煤炭巷道、地铁等领域的应用逐渐广泛，特别是越来越多的隧道施工项目要求 TBM 具备小转弯半径的能力。但常规 TBM 主机较长，受结构限制，最小转弯半径约为 40 倍洞径，即 300～500m 半径的曲线隧洞开挖施工能力。而抽水蓄能电站的小断面隧洞线路要求 TBM 具有小于 30m 半径的转弯能力，其要求的转弯半径约为 10 倍洞径。虽然国内外直径在 3～4m 的 TBM 成熟案例较多，但都不具备小半径转弯的能力。

2019 年以来，抽水蓄能电站建设积极推进 TBM 工法在其地下洞室施工方面的研究。国网新源控股有限公司联合国内掘进机企业，围绕抽水蓄能电站 TBM 技术的应用，在小断面超小转弯半径 TBM 设备研发上取得突破，已具备推广应用的条件。

3.1.2 小断面小转弯半径 TBM 国内技术进展

为了提升 TBM 对隧洞布置的适应性，一方面，需设计生产 TBM 具备超小转弯半径；另一方面，单层排水廊道也属于短洞范畴，廊道尺寸较小，将多层排水廊道经优化后以螺旋结构形成一条长隧洞，利用 TBM 小断面小转弯半径技术，实现排水廊道的连续施工。

图 3.1.2-1 "文登号"
TBM 刀盘

小断面小转弯半径"文登号"TBM 是世界首台紧凑型超小转弯半径硬岩全断面隧道掘进机，其参数见表 3.1.2-1。"文登号"TBM 刀盘如图 3.1.2-1 所示，刀盘主要参数见表 3.1.2-2，与同直径常规 TBM 参数对比见表 3.1.2-3。

"文登号"TBM 开挖直径为 3.53m，整机长度约 37m，最小转弯半径为 30m。在整机集成现代硬岩掘进机共性设计技术的同时，"文登号"TBM

表 3.1.2-1　　　　　　　　　　"文登号"TBM 参数

整机总长	约 37m	总重	约 250t	装机功率	1452kW	最小转弯半径	30m
主机长度	约 7m	开挖直径	3530mm	转速	0~8.2~15.8r/min	推进速度	120mm/min
最大推力	897t	爬坡能力	±5%	主驱动功率	900kW (3×300kW)	推进行程	1000mm

表 3.1.2-2　　　　　　　　　"文登号"刀盘主要参数

开挖直径	3530mm	正滚刀数量	12 把 17 英寸
盘体材料	Q345D	边滚刀数量	8 把 17 英寸
结构型式	整块 (30t)	中心滚刀数量	6 把 17 英寸

表 3.1.2-3　　　　　　"文登号"TBM 与同直径常规 TBM 参数对比

TBM 型号	整机长度	总重	装机功率	最小转弯半径	主机长度	转速	推进速度	最大推力	爬坡能力	推进行程
"文登号"TBM	约 37m	约 250t	1452kW	30m	约 7m	0~8.2~15.8 r/min	120mm/min	897t	±5%	1000mm
常规 TBM	约 260m	约 550t	2095kW	300m	约 20m	0~14.5 r/min	120mm/min	897t	±3.3% ~ +5%	1100mm

采用了复合式盾体、V 形推进系统、超小曲率半径皮带机、一体式皮带机等设计技术，采用小型化、模块化设计理念，取得以下 6 项技术创新。

（1）新型 TBM 结构设计。

目前，TBM 主要分为敞开式、单护盾、双护盾三种类型，并分别适应于不同的地质，但应对小半径转弯的能力较差。

"文登号"TBM 为针对性设计的新型护盾式 TBM，其结合双护盾 TBM 与敞开式 TBM 技术特点，主机采用双护盾 TBM 主机设计，支护系统采用敞开式 TBM 锚网喷支护系统设计，具备实现小半径转弯能力。掘进时，通过支撑靴支撑洞壁来提供掘进反力，地质较好时只需进行锚网喷，支护工作量小，速度快，新型 TBM 整机如图 3.1.2-2 所示。

图 3.1.2-2　新型 TBM 整机

（2）超小转弯半径 TBM 推进系统。

"文登号"TBM 采用 V 形推进系统设计，推进油缸 V 形布置，提供掘进推力、平衡刀盘掘进扭矩，可实现 30m 的超小转弯半径施工，如图 3.1.2-3 所示。盾体设计时采用"前盾＋伸缩盾＋支撑盾"的结构型式，前大后小成锥形布置，伸缩前盾与伸缩后盾预留足够的间隙以适应小转弯。

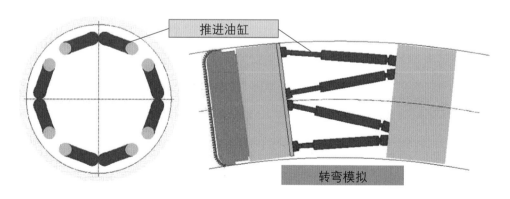

图 3.1.2-3　超小转弯半径推进系统设计

（3）超小转弯半径 TBM 出渣系统。

"文登号"TBM 采用浮动式皮带机，与常规 TBM 相比缩短了皮带架长度，皮带架上下、左右都可调节，具备 30m 的半径转弯能力。超小转弯半径皮带机设计如图

3.1.2-4 所示。

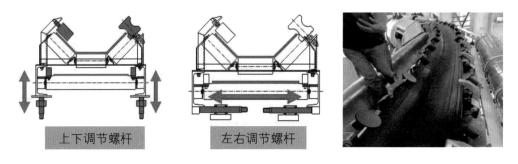

上下调节螺杆　　　　左右调节螺杆

图 3.1.2-4　超小转弯半径皮带机设计

（4）远程地面控制技术。

"文登号"TBM 设备开挖直径小，后配套空间极为有限，不便于布置常规操作控制室；而且洞内施工环境恶劣，为了提高操作人员工作环境的舒适性，尽量减小隧道内施工作业人员，特别设计将掘进机主控室放置地面上，现场操作控制室如图 3.1.2-5 所示。

不随设备移动的主控室仍然是掘进设备操作、控制与监控中心，是整台设备的"大脑"。 为了实现主控室与隧道内掘进机的可靠通信，特采用光纤通信方式，将隧道内的各类信号转换为光信号传输到地面主控室。

图 3.1.2-5　现场操作控制室

（5）超小转弯半径 TBM 导向系统。

"文登号"TBM 结构上的大幅度变革就导致常规导向系统无法再适应新的设备，需要新一代 TBM 激光导向及其监视系统。 针对抽水蓄能电站特殊施工环境、岩石地质条件、30m 超小转弯半径和主控室不随设备移动等特点，"文登号"TBM 配备了超小转弯半径 TBM 导向系统，如图 3.1.2-6 所示。 TBM 整套导向系统通过工业电脑中的导向系统软件联系起来，构成一个完整的系统进行测量工作。 特别对主界面的布局，盾体姿态偏差模块、算法等方面进行优化。

（6）紧凑型后配套设计。

"文登号"TBM 采用短跨距后配套拖车，减少拖车转弯弦长，加强转弯适应性，满足转弯最小半径 25m；"文登号"TBM 现场组装如图 3.1.2-7 所示。

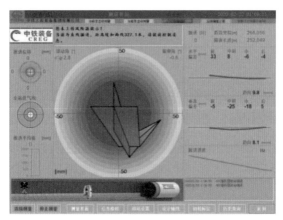

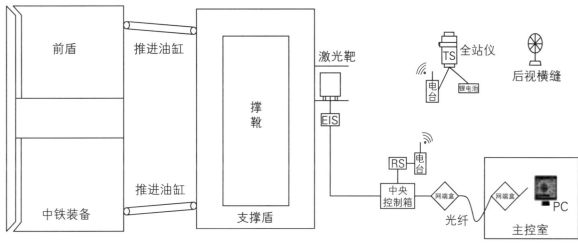

图 3.1.2－6 超小转弯半径 TBM 导向系统

世界首台紧凑型超小转弯半径硬岩全断面隧道掘进机在山东文登抽水蓄能电站排水廊道项目成功顺利贯通。 2019 年 12 月 4 日，"文登号"TBM 从 30m 半径曲线段精确出洞，水平、垂直误差控制在 5cm 以内，低于设计要求的 10cm，从实践中验证了小转弯、小半径 TBM 的可靠性、稳定性和精确性。

除文登抽水蓄能电站外，宁海、洛宁、缙云和平江抽水蓄能电站也开展了小断面 TBM 在排水廊道、自流排水洞等部位的应用，根据已有成果，TBM 进尺是钻爆法的 3~4 倍，开挖支护直接费用是钻爆法的 1.7~2.48 倍。

图 3.1.2－7 "文登号"TBM 现场组装

3.1.3 重难点问题分析与发展展望

"文登号"TBM 在文登抽水蓄能电站掘进长度约 2km,单个抽水蓄能电站以 2km 分摊 TBM 设备成本显然是不经济、不合理的。 有必要开展 TBM 设备针对性优化及抽水蓄能电站 TBM 高效利用研究,为 1 台 TBM 连续开挖多个洞室创造条件,实现抽水蓄能电站地下洞室群应用 TBM 机械化施工的经济效益和社会效益。

(1)TBM 快速后退技术。

为缩短工程工期,抽水蓄能电站工程拟在多种洞室采用直径 3.53m 小断面小转弯半径 TBM 进行导洞开挖,TBM 退出后、钻爆扩挖洞室的施工方案。

以采用小断面小转弯半径 TBM 开挖通风洞及厂房为例,如图 3.1.3-1 所示,TBM 先行开挖通风洞 + 厂房拱顶(TBM 掘进 1 段),TBM 后退出洞外(TBM 后退 1 段)转场至交通洞洞口,此时开始钻爆扩挖通风洞和厂房,同时 TBM 完成交通洞开挖,退出洞外的施工线路方案。 针对此方案需进行 TBM 快速后退技术的研究。

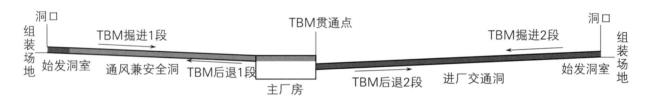

图 3.1.3-1 拟采用小 TBM 后退方案示意图

(2)紧凑型 TBM 应对不良地质的能力。

小断面小转弯半径 TBM 为了适应抽水蓄能电站洞室群立体交叉多、短洞多、转弯多的特点,降低了整机长度,配置的钢拱架、锚杆钻机能力较弱。 在正常的地质条件下,紧凑型 TBM 能快速掘进;但抽水蓄能电站地下隧洞群施工过程中,TBM 掘进遇到不稳定围岩,大断层破碎带时,需要进行初期支护,防止塌落。 如何既保持现有紧凑型 TBM 的灵活机动性,又使其具备强大的支护能力,是下一阶段巩固和拓展紧凑型 TBM 应用领域的关键问题之一。

(3)基于整机拆装的 TBM 多站连打技术。

抽水蓄能电站群地下隧洞进行了统筹优化设计,进场交通洞、通风洞、排水廊道等功能洞的洞径基本上做到了统一开挖断面。 TBM 进行了模块化设计,满足拆装便捷、转场运输方面要求,可实现多个抽水蓄能电站隧洞群连打,从而极大提升了隧洞群机械化施工经济性。

考虑在抽水蓄能电站隧洞转场施工中，不满足整体运输时，需要对 TBM 设备整机进行分块拆卸运输安装，需要进一步加强 TBM 整机模块化快速拆装技术和刀盘盾体等大型构件轻量化技术的研究工作。

3.2　示范试点类

3.2.1　大断面小转弯半径平洞 TBM

（1）国内外类似装备基本情况。

欧洲抽水蓄能电站平洞施工通常采用钻爆法，也有采用全断面掘进机 TBM 的案例。瑞士瓦莱（Valais）州的德朗斯（Nant de Drance）抽水蓄能电站地下基础设施的隧洞采用直径 9450mm 开敞式隧洞掘进机，此台掘进机升级改造后在施瓦瑙（Schwanau）水电站中再次应用，在 2011 年 10 月，其掘进效率达 220m/周，该设备转弯半径为 400m，不具备小于 100m 的半径转弯能力。

国内类似直径的 TBM 在高黎贡山隧道、滇中引水工程中应用较多，但都不具备小半径转弯的能力。

（2）国内技术进展。

抽水蓄能电站平洞 TBM 施工主要面临岩石抗压强度高、坡度相对较大、掘进距离短、转弯多、半径小、断层破碎带影响大等问题，因此设备选型主要考虑 TBM 小转弯能力、破岩性能和耐磨性能、渣料运输及车辆调向、可靠的支护能力等方面的问题。

抽水蓄能电站大断面小转弯 TBM 采用下列关键技术（大断面小转弯设计思路与小断面小转弯设计思路类似，不再赘述）：

1）应对坚硬岩及高石英含量岩石掘进技术。

主要包括优化滚刀布置、刀盘材料及制造工艺、滚刀刀座工艺、刀盘耐磨设计，以应对大断面高强度岩石掘进面临的问题。小转弯 TBM 与小断面 TBM 存在类似问题，此处不再赘述。

2）渣料运输及车辆调向技术。

抽水蓄能电站某交通洞掘进采用 9.53m 大断面 TBM 掘进，断面面积约为 71m²，由于隧洞最小曲线为 90m，采用连续皮带机在小曲线半径 90m 以内进行渣料运输有较大技术难度。

为实现渣车连续接渣，在设备段尾部设计旋转平台，空渣车进洞后，在旋转平台

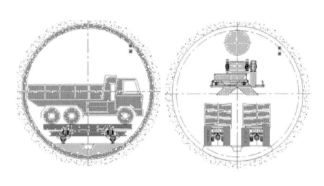

图 3.2.1-1 渣车停放示意图

处进行 180° 旋转掉头（见图 3.2.1-1），然后后退至接渣工位，接渣完成后，直接开出洞外。 旋转平台通过钢丝绳与设备连接，随设备一起前移。 为保证出渣的连续性，在设备段尾部设计有可左右移动溜渣槽。

3）可靠支护技术。

①优化锚杆支护结构。 锚杆支护是 TBM 施工过程中初期支护的重要部分，是通过不良地质条件、保障设备和人员安全的重要支护手段。 在护盾后方的主梁上布置 2 台锚杆钻机，每台锚杆钻机都具备独立的移动装置，能够在隧洞轴线方向上独立运行，能与 TBM 掘进同步进行作业。

②优化钢拱架布置型式。 钢拱架拼装系统布置在主梁前部顶护盾下面，以便在顶护盾的保护下及时支立钢拱架。 其所有操作都可在支撑护盾后面的控制台上通过液压装置控制完成。

（3）重难点问题分析与发展展望。

抽水蓄能电站大断面小转弯的交通洞/通风洞线路具有坡度大、连续小半径转弯多的特点。 现有技术中，传统梭式矿车或连续皮带机出渣的方式不能适应大断面小转弯半径平洞 TBM 掘进。 为了保证掘进/出渣效率，有必要进一步开展新型梭式矿车和具备小半径转弯能力的连续出渣皮带机技术研究。

3.2.2 斜井 TBM

3.2.2.1 国内外类似装备基本情况

国内在坡度小于 20%（11°）的隧洞项目中，有较多的 TBM 应用案例且技术成熟，如内蒙古自治区补连塔煤矿斜井工程、陕西省榆林可可盖煤矿斜井工程等。 将 TBM 应用于大坡度引水斜井开挖在国内还没有应用先例，但是在国外已经有不少成功的案例。

国外抽水蓄能电站及大坡度斜井隧洞 TBM 应用的案例较多，主要集中在美国、日本、欧洲等发达国家和地区，其中日本和德国处于前列。 例如，瑞士 Kraftwerk Limmern 水电站输水巷道项目，坡度为 84%（40°），岩石单轴饱和抗压强度达到 120MPa，采用直径 5.2m 的斜井 TBM 施工；日本于 1964 年首次引进 TBM 用于 50° 斜井的开挖，为 TBM 在更大坡度的应用积累了经验；1979 年，日本电源开发公司在下乡抽水蓄能电站采用长斜井的优化设计方案，此后，东京电力公司在盐原抽水蓄能电站、葛野川抽水蓄能电站、神流川抽水蓄能电站不断优化斜井设计方案，使斜井设计水平不断提高。

自 20 世纪 60 年代以来，国外斜井 TBM 施工项目累计有超过 80 个，斜井 TBM 直径为 2.3~8m，斜井坡度为 20°~50°，设备厂商有 Wirth、Robbins、HK 等，施工单位有 Murer Strabag 公司等。

3.2.2.2 国内技术进展

国内正研究应用的项目主要有平江、洛宁抽水蓄能电站的斜井 TBM。 其装备研发技术路线均采用自下而上的全断面反井掘进方式，并重点对 TBM 安全防溜、出渣及物料运输、可变径、竖直转弯等技术进行了深入研究。

（1）安全防溜技术。

斜井的坡度大，其相对于平洞的特殊性，对 TBM 设备的掘进能力可靠性，设备及人员的安全性提出了更高的要求。 可变径斜井 TBM 采用多重防溜装置设计，以确保在任意工况下安全固定斜井作业中的 TBM 及后配套系统，如图 3.2.2-1 所示。

（2）出渣技术。

出渣方面，大坡度引水斜井 TBM 出渣主要是借助岩渣自重在溜渣槽中自溜出渣。 初步考虑斜井 TBM 可在隧洞

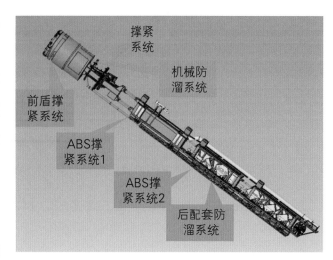

图 3.2.2-1 斜井 TBM 多重防溜设计示意图

底部布置溜渣槽，利用石渣自有的重力，实现溜渣，同时配备振捣器增加排渣效率；并在溜槽盖板上预留观察口观察排渣情况，便于堵渣时进行清理。 斜井 TBM 出渣示意如图 3.2.2-2 所示。

根据实际情况，岩渣自溜效果不佳时，可以考虑辅助水力冲刷等其他手段，岩渣到达底部时使用筛分设备进行渣水分离，如图 3.2.2-3 所示。 同时，TBM 搭载出渣监测与预警系统，施工时对出渣量进行监测，可以判断是否有超挖情况并进行预警，如图 3.2.2-4 所示。

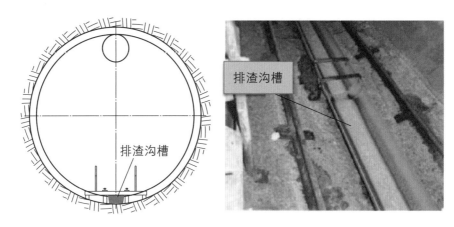

图 3.2.2-2　斜井 TBM 出渣示意图

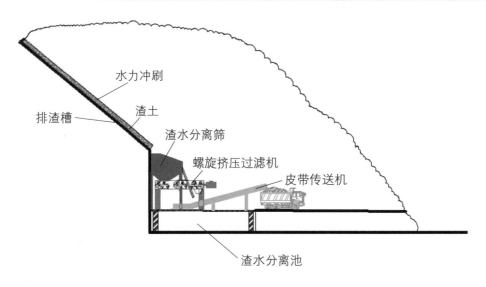

图 3.2.2-3　斜井渣水分离技术

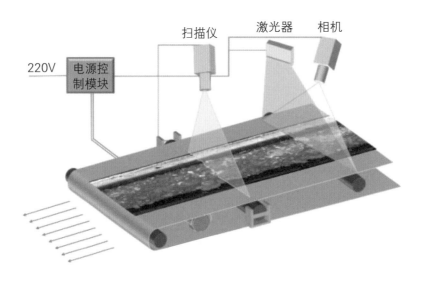

图 3.2.2-4　出渣监测

斜井 TBM 还可设计集成皮带机水平出渣系统，通过出渣模式切换实现平洞/斜井掘进快速出渣，如图 3.2.2－5 所示。 以上技术尚需通过工程实践进一步验证与改进，以获得最佳效果。

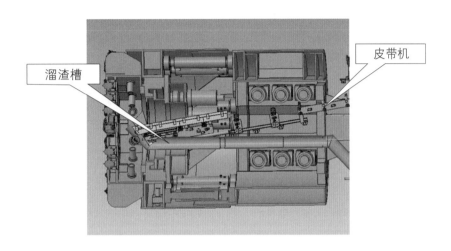

图 3.2.2－5　平洞/斜井出渣系统

（3）物料运输。

大坡度斜井采用液压绞车绞拉物料运输车辆实施物料的转运，转运物料包括支护材料（如工字钢、喷混凝土材料、混凝土等）、设备配件、耗材等，物料从底部装载完成后沿隧道向上运输到施工的 TBM 及隧道内以供使用。 该种物料运输方式可靠性、安全性要求较高，如图 3.2.2－6 所示。

图 3.2.2－6　运输绞车装置

运输通道两侧设计人行通道，与物料运输互不干涉，安全性更高。 人员、物料运输过程中安全防溜保证措施主要在运输组织管理方面，运输前要对运输设备进行全面检查，确保运输安全。 轨道铺设设计示意如图 3.2.2－7 所示。

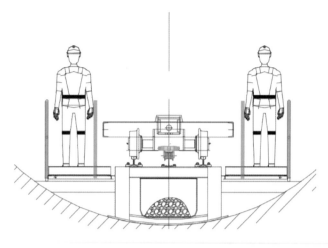

图 3.2.2 - 7 轨道铺设设计示意图

（4）可变径技术。

为满足上下斜井 TBM 开挖直径不同的变径需求，国内相关设备厂商研究了 TBM 大范围变径技术，主要包括了刀盘、盾体及后配套的变径，刀盘采用无极变径，刀盘无极变径方案如图 3.2.2 - 8 所示，盾体采用贴壳的方式完成变径。

可变径斜井 TBM 变径刀盘通过设计不同规格的变径塞块，可实现 6~8m 之间任意开挖直径变径，较常规更换边块扩径方案，利用率高，操作难度低，变径周期短，可大幅降低施工成本，提高 TBM 设备适用性。

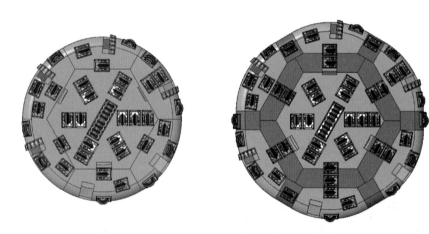

图 3.2.2 - 8 刀盘无极变径方案

（5）竖曲线转弯技术。

为同时满足平洞与斜井的掘进需求，国内相关设备厂商研究了大坡度全断面反井 TBM 超小纵向曲率半径掘进技术，以满足 40m 半径竖曲线转弯场景，其设计特点如下：

1）TBM 主机采用双护盾式主机设计，由于 TBM 撑靴前置靠前，通过推进油缸的分区推进，以获得所需的转弯调向能力。

2）盾体可变技术。前盾采用可回缩式设计。转弯时支点前移，抬头角度可更大。同时，撑紧盾顶部亦可伸缩，与洞壁之间间隙更大且可调整，从而满足转弯要求。竖曲线小转弯设计示意如图 3.2.2 - 9 所示。

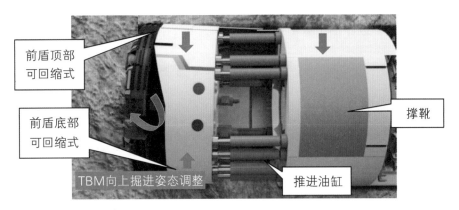

图 3.2.2－9　竖曲线小转弯设计示意图

（6）整机技术。

1）平江抽水蓄能电站斜井 TBM。针对平江抽水蓄能电站特点，斜井 TBM 整机遵循安全至上、模块化、轻量化、装配化的设计理念，具备 50° 大坡度掘进、可变径和平洞掘进的功能，显著提升了 TBM 在抽水蓄能电站的适应性和经济性。

该设备选型为敞开式 TBM，同时在敞开式 TBM 上增加多重防溜车装置以及可变径系统（见图 3.2.2－10）。可变径斜井 TBM 整机由刀盘、盾体、推进系统、撑靴、后配套 ABS 撑靴、后配套防溜系统、电气系统、液压流体系统、支护系统、通风除尘系统、出渣系统、物料运输系统等组成。

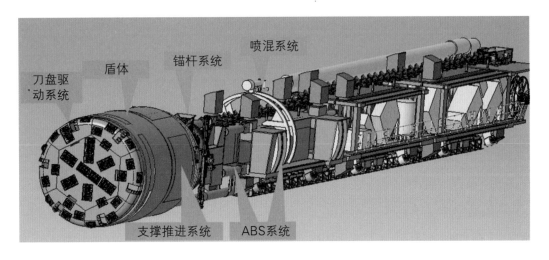

图 3.2.2－10　平江抽水蓄能电站可变径斜井 TBM 整机图

平江抽水蓄能电站可变径斜井 TBM 主要参数见表 3.2.2－1。

平江抽水蓄能电站可变径斜井 TBM 刀盘主要参数见表 3.2.2－2。

2）洛宁抽水蓄能电站斜井 TBM。针对洛宁抽水蓄能电站引水斜井特点，该 TBM 选型为敞开式 TBM，同时在敞开式 TBM 基础上增加双重 ABS 防溜车装置。

表 3.2.2-1 平江抽水蓄能电站可变径斜井 TBM 主要参数

整机总长	70m	总重	550t(变径后 700t)
主机长度	10m	开挖直径	6.5～8.0m
最大推力	8972kN	爬坡能力	-5°～60°
装机功率	3800kW	最小转弯半径	40m
转速	0～14.5r/min	最大推进速度	120mm/min

表 3.2.2-2 平江抽水蓄能电站可变径斜井 TBM 刀盘主要参数

新刀开挖直径	6530mm(变径后 8030mm)
分块数量	(6+1)块
中心刀数量/直径	4 把/432mm
滚刀数量/直径	34 把/483mm(变径后 43 把/483mm)
最大扩挖量	半径方向 50mm
滚刀安装形式	背装楔块式
出渣粒径限制尺寸	≤250mm
喷水嘴数量	8 个

洛宁抽水蓄能电站可变径斜井 TBM 主要参数见表 3.2.2-3。

表 3.2.2-3 洛宁抽水蓄能电站可变径斜井 TBM 主要参数

整机长度	约 60m	总重	约 800t	装机功率	3915kW	最小转弯半径	300m
主机长度	约 18m	开挖直径	7230mm	转速	0～4～7.6r/min	最大推进速度	100mm/min
最大推力	2748t	爬坡能力	40°	主驱动功率	2800kW	推进行程	1500mm

洛宁抽水蓄能电站可变径斜井 TBM 刀盘主要参数见表 3.2.2 - 4。

表 3.2.2 - 4　　　洛宁抽水蓄能电站可变径斜井 TBM 刀盘主要参数

项　目	参　数　列　表
刀盘规格（直径×长度）	6830mm×1940mm
旋转方向	正/反
分块数量	2 块
结构总重	140t
主要结构件材质	Q345D
中心滚刀数量/直径	4 把/432mm（17 英寸）
单刃滚刀数量/直径	39 把/483mm（19 英寸）
滚刀额定载荷	17 英寸/25t；19 英寸/31.5t
滚刀安装方式	背装刀
铲斗数量	8 个

3.2.2.3　存在问题与发展展望

斜井 TBM 的应用主要存在大坡度施工安全性、大坡度物料运输可靠性和出渣安全性问题。目前针对大坡度 TBM 施工防溜以及安全防护已做了较为深入的研究，但针对 TBM 施工配套的人员与物料运输设备以及现场组织管理方案，仍需进一步细化研究，完善在意外情况下的安全保障预案和机制。

3.2.3　竖井 TBM

3.2.3.1　国内外类似装备基本情况

竖井隧洞装备经历了从钢钎大锤、手持风钻、凿岩台车到最近盾构和 TBM 发展的历程。为实现大型盲竖井施工的机械化、智能化、工厂化施工技术的突破，提高施工效率，保障施工安全，将隧道掘进机理念引入竖井施工，竖井掘进机 SBM 施工技术和装备应需而生。

竖井掘进机技术在 20 世纪的美国、德国得到不同程度的关注，但受地层条件的限制，竖井全断面掘进技术国内外一直未出现关键性突破。 德国海瑞克作为目前国际上工程建设装备的大型企业，设计并制造了悬臂截割破岩上排渣竖井掘进机，并成功应用于矿山竖井的施工，取得了一定的成功实践；但由于价格昂贵，加工制造还有大量技术难点有待突破，至今没有实质性进展。

竖井掘进机在我国还处于起步阶段，"十二五"期间由北京中煤矿山工程有限公司承担的国家"863"计划中的"矿山竖井掘进机研制"项目，研制出国内首台套导孔式下排渣 MSJ5.8/1.6D 型硬岩竖井掘进机，并于"十三五"期间完成了深度282.5m、直径5.8m、日最高进尺10.3m、平均进尺6.9m 的硬岩竖井掘进。

3.2.3.2 国内技术进展

目前，国内掘进机企业研制的 SBM 竖井掘进机，正在浙江宁海抽水蓄能电站竖井工程开展生产性试验。 该 SBM 竖井掘进机采用刀盘开挖，利用链式刮板结构出渣，完成刀盘下部开挖面的清渣，通过斗式提升机转运，储渣仓储渣，最终由吊桶装渣，提升机提升出井；井壁支护可采用滑模现浇、喷锚支护等多种形式，完成井壁机械化快速施工。 图 3.2.3－1 设备集成了开挖掘进系统、清渣与出渣系统、井壁支护系统、通风排水系统、液压系统、电气系统、消防系统等，实现了竖井的机械化、自动化、集成化、工厂化施工，在刀盘技术、出渣技术、多层吊盘平台设计等方面取得一定进展。

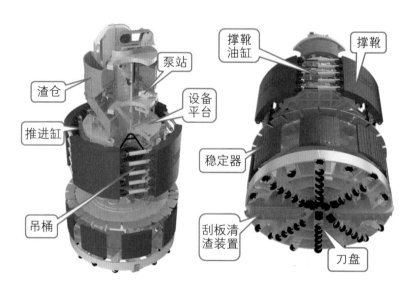

图 3.2.3－1 主机设备示意图

（1）刀盘技术。

竖井刀盘不同于盾构 TBM 刀盘，对地层适应性的要求更高，一般要求能适用于软土、硬岩、黏土、砂层等多种地层，既要满足开挖刀具的安装、更换、互换要求，又要满足刀盘的清渣、集渣、减少刀盘与刀具磨损的要求，同时刀盘还需要特殊的结构设计保护清渣装置，防止中心渣料堆积，造成中心泥饼的问题。并且，刀盘既需具有很高的强度，也需尽可能轻量化，以减轻井下设备整体重量。

（2）出渣技术。

SBM 竖井掘进机出渣系统主要用于竖井渣料清理、转运及出井，该系统共包括三大部分：①刀盘清渣装置；②垂直提升装置；③吊桶提升系统。三大部分进行接力共同完成渣料的出井工作，设计运送能力由下向上逐级减小，但仍需满足直径 10m 竖井在 1000m 深度时的施工需求。

（3）多层吊盘设计。

多层吊盘位于掘进设备上部，吊盘采用型钢焊接而成，根据井筒布置在吊盘不同位置设计不同通道，吊盘共设计 6 层，由上至下为平台 1、平台 2、平台 3、平台 4、平台 5、平台 6，分别用于放置主机配套设备。

平台 1 为首层平台，主要用于连接稳绳，接入水、电、风等，同时平台上部还放置有高压变压器及高压进线柜等设备。该层平台整体位于设备最上方，对下部各层平台及设备起到保护作用。平台 2、平台 3、平台 5 主要放置电器设备，同时用于井下管线延伸施工。平台 4 主要放置分灰设备，用于井壁浇筑施工。平台 6 用于放置排水设备。各层平台相互独立又相互关联，构成设备的整套服务系统，为主机工作提供保障。竖井掘进机工作示意见图 3.2.3-2。

3.2.3.3 存在问题与发展展望

竖井井筒作为地下工程的"咽喉"，主要难点集中在三方面：①竖井工程地层地质条件多变；②随着深度

图 3.2.3-2 竖井掘进机工作示意图

增加地层地应力、地热温度及渗水量可能显著升高;③地层涌水处理困难。 这些技术特点导致竖井施工难度大、周期长、安全风险高。

竖井 SBM 掘进机以机械破岩取代爆破破岩,可在一定程度上将施工人员从恶劣的施工环境中解脱出来。 但 SBM 掘进技术仍需在复杂地质条件的安全保障和效率提升方面取得进一步的突破,其中创新机械破岩凿井装备及工艺,直至实现凿井装备的高端智能化,也是竖井掘进技术的发展方向之一。

3.3 创新研发类

3.3.1 抽水蓄能电站 TBM 施工数字孪生技术

地下工程装备是集机、电、液、气、光、岩土等多学科交叉的复杂高端装备,是国家水利、铁路、城建、水电、矿山和国防等领域基础设施建设不可或缺的重要装备。 因缺乏融合服役环境的全机数字样机与数字孪生系统研究及关键技术攻关,装备物理空间和虚拟空间数据不同步、状态不一致。 这导致装备环境耦合难、闭环创新难、"三边工程"难(边勘察、边设计、边制造)等关键问题,而这些问题已成为攻克地下工程装备服役过程中卡机、地面沉降、工作部件损坏等重大技术难题的关键制约因素之一。

现阶段相关设备厂商、高校及重点实验室已针对 TBM 施工数字孪生技术开展全面的研究。 如通过地质勘察与大数据分析,建立服役环境信息数据库,建立地下工程装备与复杂服役地质环境间相互作用的全机模型,采集地下工程装备服役环境数据,对装备不同部件、不同频率、不同性能的高噪声数据进行处理构建装备-服务端-客户端的数据传递通道等。

当前,为有效解决抽水蓄能电站 TBM 在大坡度及复杂地质环境中高效施工、施工风险预防等问题,TBM 施工数字孪生技术已成为关注焦点之一,其原理见图 3.3.1-1。该技术以构建融合服役环境下的地下工程装备全机数字样机和复杂工况下地下工程装备数字孪生系统为主线,为复杂服役环境下地下工程装备多阶段、多尺度、多物理场耦合分析与精确操控提供有力支持。

总体而言,抽水蓄能电站 TBM 施工数字孪生技术,可助力解决复杂地质环境预测、运行状态可视分析、全生命周期性能预测和设计施工优化等核心技术难题,建立地下工程装备全生命周期性能预测和优化的自主技术体系,建立核心软件和相关规范集合，从而助推我国地下工程装备上下游生态业务的快速形成。 在科学价值方面，抽水蓄能电站 TBM 施工数字孪生技术有助于打破地下装备与服役环境、物理实体与数字模型间交流的壁垒，为智能制造等领域带来显著的科学技术价值。 在社会效益方面，该技术有助于推动相关行业的技术革新转型和人才培养。 在生态效益方面，有助于保持地下空间原有平衡，提升生态效益。

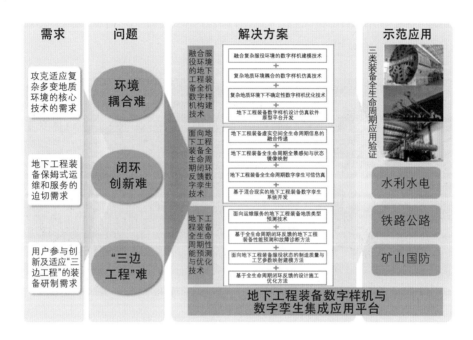

图 3.3.1－1　TBM 施工数字孪生技术原理图

3.3.2　异形断面掘进机技术

异形断面 TBM 是当前创新研发的焦点之一，主要包括矩形、马蹄形、双圆形等类型。 异形断面 TBM 开挖断面利用率大、施工成本低，与圆形断面相比可提升空间利用率，其中矩形断面可提升约 20％。 异形断面掘进机目前主要用于覆盖层或软岩，以盾构机居多，硬岩异形断面 TBM 的应用案例较少。

常规 TBM 只能适应单一尺寸圆形断面，通过一次开挖成型实现隧道开挖，而部分断面 TBM 通过开挖装置多次开挖，实现隧道轮廓开挖成型。 通过开挖装置的不同运动轨迹设计，单台装备可实现不同形状断面开挖。 国外厂家，如德国维尔特为 RioTinto 开发了 Mobile Tunnel Miner（简称 MTM）矿用硬岩掘进设备，但目前没有进行大量应用；瑞典安百拓研制了一种矿用摆臂式刀盘掘进机，可以实现类矩形断面的硬岩开挖。

（1）全断面矩形掘进机技术。

为满足矿山开采所需矩形断面的施工要求，同时满足矿山施工机械化、智能化、工厂化施工，提高施工效率，保障施工安全，依据圆形 TBM 隧道施工工法，提出矩形 TBM 施工工法，实现矩形巷道一次开挖成形。

2020 年，我国自主设计制造的世界首台矩形硬岩掘进机成功下线，如图 3.3.2－1 所示，主要应用于类矩形截面的岩石巷道开挖，可适用于围岩相对稳定、以Ⅲ类及其以上为主的地层的掘进施工。

图 3.3.2－1　世界首台矩形硬岩掘进机

该类设备具有以下特点：

1）开挖截面呈矩形，空间利用率高。

2）无主轴承及驱动减速机，易于组装拆卸及运输，可以快速转场施工，易操作使用和维护。

3）整体设计结构尺寸紧凑，拆分运输模块较少。

4）始发简便快捷，需用空间较小，既可洞外始发又可洞内始发。

5）拖车及主机模块连接形式简单可靠，可以实现洞内快速拆机。

6）设备长度小，分模块多节段设计，能够实现小曲线施工作业。

该设备已在工程上成功应用，工程地层岩性主要为灰岩、白云岩、砂质硬岩，岩石单轴饱和抗压强度为 120～140MPa，现场已完成 70 余 m 掘进，平均掘进速度为 0.6m/h，最快达到了 0.8m/h。矩形掘进机施工现场如图 3.3.2－2 所示。

（2）变断面掘进开挖技术。

针对变断面或非全断面掘进技术，国内已经开展了部分断面 TBM 的研究，开展

图 3.3.2－2　矩形掘进机施工现场

并联机器人 TBM、悬臂 TBM 等机型方案设计。

　　传统的悬臂式掘进机理论上可用于各类断面的开挖掘进，目前广泛应用于公路、铁路、水力隧道等；但在单轴抗压强度大于 100MPa 的工况下，掘进机截割机构受到猛烈的冲击，合金截割头经常容易出现脱落和过度磨损的现象；掘进机的机械部件、液压部件、电气元件等，都容易因掘进机动载荷过大而出现故障，从而降低悬臂式掘进机的可靠性。为此，将全断面 TBM 掘进机切割技术在悬臂式掘进机上进行扩展，将 TBM 掘进机的盘形滚刀应用于悬臂式掘进机上，用装有盘形滚刀的截割头代替镐形截齿截割头的悬臂式掘进机，可将悬臂式掘进机切割硬岩的能力大大提高。

　　悬臂 TBM 是在现有悬臂掘进机基础上延伸开发的针对硬岩地层掘进的设备，由安装有盘形滚刀的刀盘替代原来的铣挖头设计。悬臂 TBM 为非全断面开挖，在掘进过程中需要变换刀盘位置，刀盘既要能适应水平正向掘进，又要能适应上下左右侧向掘进。非全断面 TBM 具有灵活机动、可开挖任意断面、拆解运输方便、设备成本低等优势，适应于所有短距离任意形状隧道、硬岩地层马蹄形隧道、车站站厅层机械开挖等应用场景，对推进地下空间的开发和应用具有重大意义。

　　这当中，机器人支撑的柔臂 TBM、盘形滚刀硬岩悬臂掘进设备等是近期研究的热点之一，可作为厂房等非规则断面机械化开挖掘进的备选装备，开展进一步的现场生产性试验验证和改进。

　　1）机器人支撑的柔臂 TBM。如图 3.3.2－3 所示，机器人支撑的柔臂 TBM 结合全断面硬岩掘进机刀盘高效率开挖和机器人技术高灵活度、高精度的优势，将掘进机刀盘支撑推进系统采用机械臂的型式进行设计优化，使刀盘具有多自由度的运动性能，实现隧道变断面开挖。 支撑结构可采用并联机构、串联机构或混联机构进行设计，动力源以液压系统为主，同时还需对出渣系统、支护系统进行针对性设计，提高设备整体施工效率。

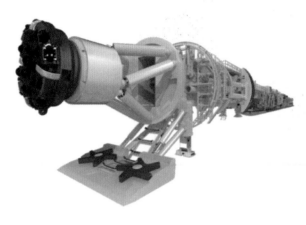

图 3.3.2-3 柔臂 TBM

2）盘形滚刀硬岩悬臂掘进设备。 国内关于采用盘形滚刀硬岩悬臂掘进设备的研制和应用较少，多是采用提高截齿硬度的方式来提高截割硬度。 国内掘进机企业依托自身 TBM 和盾构的技术优势，于 2018 年开始研究硬岩悬臂掘进机，因与常规的 TBM 刀盘相比，纵向式刀盘更像个"轮盘"，故取名"轮式刀盘悬臂硬岩掘进机"。 2018—2020 年对切割原理、开挖工法、驱动形式、支护形式、出渣方法等方面进行了深入的研究和设计计算。

整个轮式刀盘悬臂掘进机（见图 3.3.2-4）主要由六大部分组成，其中截割刀盘采用 17 英寸标准滚刀，沿周向布置，采用类似于 TBM 边刀的切割原理。 刀具旋转、切割速度与刀具接触岩面的顺序的配合，正好可保证刀具相继切入岩石，从而利用有效功率产生最大切割效果。 悬臂掘进机采用内置液压马达驱动形式，整机的行走采用履带驱动形式，出渣采用刮板输送机、支护采用锚杆钻机、稳固支撑采用顶部支撑和底部支撑、除尘系统。

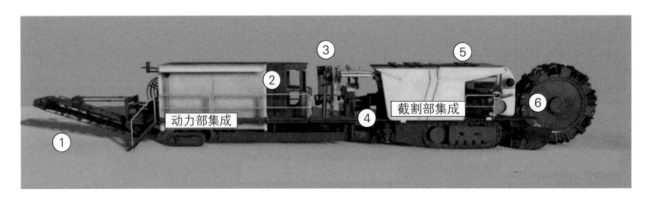

图 3.3.2-4 盘形滚刀硬岩悬臂掘进设备示意图

①—尾部输送机；②—操作室；③—锚杆钻机；④—铰接机构；⑤—顶支撑；⑥—截割刀盘

2021 年 7 月，已完成轮式刀盘悬臂硬岩掘进试验平台制造和硬岩掘进试验，并进行试验数据的分析，证明了轮式刀盘悬臂掘进机具备切割硬岩的能力。

4 应用篇

4.1 推广应用案例

4.1.1 文登抽水蓄能电站排水廊道

4.1.1.1 应用背景与工程概况

文登抽水蓄能电站位于山东省威海市文登区境内，为一等大（1）型工程，主要建筑物按 1 级建筑物设计，主要由上水库、下水库、水道系统、地下厂房系统及开关站等建筑物组成。电站规划装机容量 1800MW，安装 6 台单机容量为 300MW 的可逆式水泵水轮机组。

文登抽水蓄能电站对 TBM 施工技术经过大量调研和多方论证后，根据文登抽水蓄能电站实际情况，综合考虑投资、进度和试验风险等因素，选定两段排水廊道作为 TBM 施工试验段，试验段 Ⅰ 为高压引水上层排水廊道，试验段 Ⅱ 为地下厂房中、下层排水廊道。试验段岩石以花岗岩为主，石英含量高，一般为 30%～40%，Ⅰ 类、Ⅱ 类围岩占比超过 90%，岩石完整性为 70%～80%，岩石抗压强度高，平均超过 120MPa，最高达 200MPa。

4.1.1.2 应用过程

文登抽水蓄能电站选用了中铁工程装备集团有限公司生产的 TBM，2019 年 2 月 6 日，启动 TBM 设备研发及制造；2019 年 9 月 10 日，"文登号"TBM 设备在工厂正式下线，该设备是世界首台紧凑型超小转弯半径 TBM 设备；2019 年 9 月 15 日至 10 月 12 日，完成运输及现场安装调试；2019 年 10 月 13 日，试验段 Ⅰ 开始掘进；2020 年 4 月 14 日，掘进完成；2020 年 5 月 7 日，试验段 Ⅱ 开始掘进；2020 年 9 月 30 日，掘进完成。

"文登号"TBM 设备开挖直径 3.53m，整机总长 37m，最小转弯半径 30m，该设备功能精简、齐全，较常规 TBM 更加灵活，更加适用于抽水蓄能电站小断面、小转弯洞室开挖。

高压引水上层排水廊道原设计为城门洞形（3m×3.5m），分段直线平行布置，为了满足 TBM 转弯要求，将原布置方案优化调整为环形布置方案，调整后隧洞长度 927.8m、最小转弯半径 30m、开挖断面为直径 3.53m 的圆形、最大坡度 1%；地下厂房中、下两层排水廊道原设计为城门洞形（4m×3m），分两层布置，为满足 TBM 转弯要求和充分发挥 TBM 施工长洞室的优势，将原布置方案优化调整为 1 条螺旋形布置方案，调整后排水廊道长度 1445m、最小转弯半径 30m、开挖断面为直径 3.5m 的圆形、平均坡度 2%、最大坡度 4%，调整后的三维图见图 4.1.1－1 和图 4.1.1－2。通过以上设计优化，实现了"短洞连续长打"，大幅提高 TBM 设备施工利用效率。

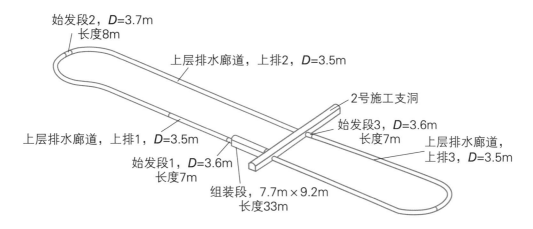

图 4.1.1－1　TBM 施工高压管道上层排水廊道三维视图

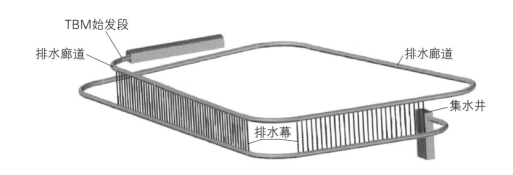

图 4.1.1－2　TBM 施工地下厂房中、下层排水廊道三维视图

4.1.1.3　应用成果总结

试验段 I 于 2020 年 4 月 14 日掘进完成，共计 185d，有效掘进时间 117d（设备停工维护、春节、新冠肺炎疫情等停工影响共 68d）；设备累计掘进 872.8m。试验段 II 于 2020 年 5 月 7 日开始掘进，9 月 30 日掘进完成，共计 147d，有效掘进时间 139d，设备累计掘进 1436m。通过对试验成果分析得出：

1）从洞室结构分析，直线段中单日最高掘进 20.548m，日平均进尺 9.17m；曲线段中单日最高掘进 11.165m，日平均进尺 5.18m。

2）从围岩类别分析，在 I～II 类围岩中掘进日最高进尺 11.966m，日平均进尺 7.59m；在 II～III 类围岩中掘进日最高进尺 15.961m，日平均进尺 8.67m；在 III～

Ⅳ类围岩中掘进日最高进尺 20.548m，日平均进尺 10.26m。

3）从设备完善过程和施工人员熟练程度看，随着对设备缺陷的完善、技术改进和人员经验增加，掘进效率由低到高呈增长势态，试验段Ⅰ综合日平均进尺 7.92m，试验段Ⅱ综合平均进尺 10.3m。

4）TBM 法与钻爆法施工效率对比见表 4.1.1-1。从施工效率对比来看，TBM 施工效率为人工钻爆施工效率的 3～5 倍。TBM 施工对岩石扰动及破坏影响极小，对Ⅳ类围岩及不良地质段的开挖影响小；施工过程记录表明，该设备在Ⅳ类围岩施工效率最高，日进尺可超 20m。

表 4.1.1-1　　　　　　　TBM 法与钻爆法施工效率对比表

项目	Ⅰ～Ⅱ类围岩日进尺/m	Ⅱ～Ⅲ类围岩日进尺/m	Ⅲ～Ⅳ类围岩日进尺/m	平均日进尺/m	平均月进尺/m	备注
钻爆法施工(3.3m 洞径)	5	3	2	3	90	Ⅳ类围岩及不良地质段进度受施工支护处理时间影响较大(停工处理)
TBM 施工(3.5m 洞径)	9	12	15	10	300	Ⅳ类围岩及不良地质段进度基本不受施工支护处理时间影响

5）TBM 施工对岩石扰动及破坏影响极小，尤其是在Ⅳ类围岩及不良地质段，施工安全得到极大保证，且现场作业人员少、作业环境好。

文登抽水蓄能电站排水廊道 TBM 开挖效果如图 4.1.1-3 所示。

综合试验效果，TBM 施工技术的应用彻底消除了爆破对围岩稳定带来的潜在危害，降低了火工品行业管控对工程的影响，TBM 开挖对洞室围岩扰动破坏极小，洞室超挖为 0～2cm，整体外观趋于镜面，能够极大提升工程本质安全和实体质量；开挖综合进度效率为人工钻爆的 3～5 倍，工期进度得到有效保障；开挖环境得到大幅改善，通风散烟效果较好，现场劳动人员强度大幅降低；基本实现了机械化作业、工厂

图 4.1.1-3 文登抽水蓄能电站排水廊道 TBM 开挖效果图

化管理、少人作业。

4.1.2 宁海抽水蓄能电站厂房排水洞和排水廊道

4.1.2.1 应用背景与工程概况

宁海抽水蓄能电站位于浙江省宁波市宁海县境内，枢纽工程主要建筑物由上水库、输水系统、地下厂房及开关站、下水库等部分组成。该工程为一等大（1）型工程，总装机容量 1400MW，装机 4 台，单机容量 350MW。

宁海抽水蓄能电站厂房排水洞和厂房中层排水廊道采用小断面 TBM 进行开挖。应用前根据小断面 TBM 设备特性、进出洞条件和综合效益，对洞室断面尺寸及掘进路线进行了优化调整。洞室断面由 3m×3m（宽×高）城门洞形优化为直径 3.53m 的圆形断面；掘进路线从厂房排水洞出口始发，在完成厂房排水洞开挖后继续进行厂房中层排水廊道部分段开挖，最终从主副厂房安装间上游侧出洞拆卸离场。同时为便于厂房排水洞与厂房中层排水廊道平顺过渡，对厂房排水洞路线进行局部调整。优化后 TBM 开挖总长约 2876m，开挖断面为直径 3.53m 的圆形，最小转弯半径 30m，平均坡度约 3.8‰，最大坡度 3.45%。 该部位围岩为侏罗系上统西山头组晶屑（熔结）凝灰岩、含砾晶屑（熔结）凝灰岩，岩体以完整～较完整为主，局部完整性差，岩质脆硬且石粉含量较高，岩体以弱～微透水性为主，围岩类别以 Ⅱ～Ⅲ 类为主，少量 Ⅳ 类，围岩强度一般为 90～120MPa。

4.1.2.2　应用过程

宁海抽水蓄能电站使用的 TBM 与文登抽水蓄能电站是同一台设备。 TBM 自厂房排水洞出口分两次组装调试始发，在完成厂房排水洞开挖后继续进行厂房中层排水廊道部分段开挖，最终在主副厂房安装间上游侧出洞拆卸离场，施工路线见图 4.1.2－1。

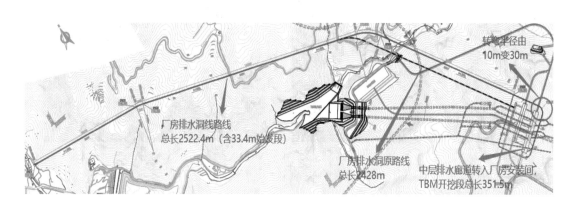

图 4.1.2－1　TBM 施工路线图

4.1.2.3　应用成果初步分析

TBM 设备 2021 年 1 月 16 日分批到宁海抽水蓄能电站现场，1 月 22 日开始组装，组装调试过程共用时 18d；设备换步推进 26m 至掌子面用时 3d；春节停工 3d；2 月 13 日下午至 2 月 14 日，设备始发试掘进 5m，设备整体全部进洞；设备全部进洞后，安装洞外道闸、错车轨线、风机、出渣皮带机等共用时 4d。 2 月 19 日设备开始正常运行。 整个组装调试过程有效时间共 26d。

浙江宁海抽水蓄能电站 TBM 设备于 2021 年 9 月 30 日贯通，累计进尺 2840.92m，有效掘进天数 199.9d，平均进尺速度 14.21m/d，最高日进尺 26.084m，最高月进尺 530.76m，施工工效初步分析见表 4.1.2－1。

4.1.2.4　重难点分析与初拟对策措施

（1）施工期临时支护。

为防止破碎带掉块，工程采取了临时支护措施，取得了良好的安全保护效果。

月份	月进尺/m	有效工作天数/d	平均进尺速度/(m/d)
2	111.91	11	10.17
3	530.76	30.5	17.40
4	465.90	26.5	17.58
5	412.26	28	14.72
6	352.56	26	13.56
7	343.71	25.3	13.59
8	413.50	29.5	14.02
9	210.32	23.1	9.10
合计	2840.92	199.9	14.21

表 4.1.2－1　　　　　　　施工工效初步分析表

Ⅰ型支护：对于围岩不能长期处于自稳状态的部位，采用φ6.5、15cm间距的钢筋网片内包3cm间距铁丝网，利用长度为50cm、入岩30cm、外露20cm的φ22螺纹钢"L"短锚筋固定钢筋网片，以防止破碎带掉块。Ⅰ型支护示例如图4.1.2－2所示。

Ⅱ型支护：对于围岩应力释放后处于失稳状态的部位，横向采用φ22@0.2m钢筋拱肋，拱肋纵向利用φ22@1m连接，外侧敷设φ8@0.2m×0.2m钢筋网片贴岩壁布置，以防止破碎带掉块。Ⅱ型支护示例如图4.1.2－3所示。

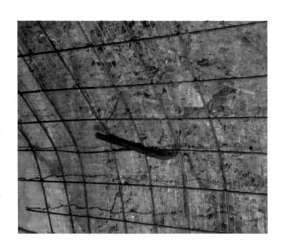

图4.1.2－2　Ⅰ型支护示例

（2）提高开挖面储渣量。

随着洞室掘进长度的增加，出渣速度对进尺的制约日益增强，为保证出渣时设备不停机作业，在设备尾部增设一台梭式矿车增加储渣量，提高主机设备有效运行时间。

图 4.1.2-3 Ⅱ型支护示例

（3）TBM 开挖渣料利用。

为提高 TBM 施工渣料的利用率，宁海抽水蓄能电站组织进行了 TBM 施工渣料复核试验，将 TBM 施工渣料用于大坝岸坡过渡料等的填筑，从而提升了 TBM 开挖料的利用率。

4.1.3 洛宁抽水蓄能电站自流排水洞和排水廊道

4.1.3.1 应用背景与工程概况

洛宁抽水蓄能电站位于河南省洛阳市洛宁县境内，电站装机容量为 1400MW，设置 4 台 350MW 可逆式水泵水轮机，主要建筑物由上水库、下水库、输水系统等组成。

2019 年 4 月，为贯彻落实大力推进施工机械化、智能化的要求，洛宁抽水蓄能电站有限公司开展了 TBM 掘进机在地下工程（平洞、斜井、竖井等）施工应用的可行性、经济性和安全性的理论研究工作；2020 年 7 月，完成厂房排水廊道和自流排水洞应用 TBM 施工方案编制。洛宁抽水蓄能电站地下厂房排水廊道采用 TBM 施工后将断面尺寸由 3m×3m（宽×高）城门洞形优化为直径 3.5m 的圆形断面，自流排水洞断面尺寸由 3.1m×3.3m（宽×高）城门洞形优化为直径 3.5m 的圆形断面。优化后厂房排水廊道由三层平行布置调整为一条螺旋线形布置，其末端与自流排水洞起点相连，形成一条排水廊道，总长度为 4.994km，最大坡度为 3%。工程区域地层岩性主要为燕山晚期斑状花岗岩，其中约 70% 为Ⅱ～Ⅲ类围岩，约 30% 为Ⅳ～Ⅴ类围岩，新鲜岩石单轴饱和抗压强度为 80～100MPa。洛宁抽水蓄能电站厂房排水廊道和自流排水洞布置调整前后如图 4.1.3-1 和图 4.1.3-2 所示。

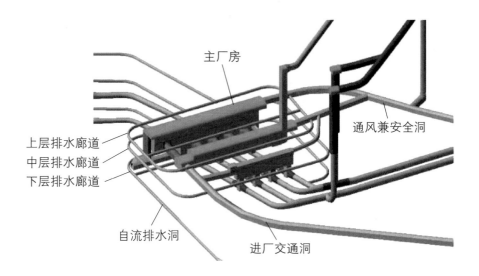

图 4.1.3-1 洛宁抽水蓄能电站原设计厂房
排水廊道和自流排水洞布置三维图

4.1.3.2 应用过程

洛宁抽水蓄能电站小断面 TBM 设备自 2021 年 5 月 12 日分批运到洛宁抽水蓄能电站现场，5 月 17 日开始组装，组装调试过程共用时 17d；6 月 3 日设备从通风洞与排水廊道交叉口组装洞室始发试掘进；6 月 12 日设备整体全部进洞；6 月 17 日附属设施全部到位，开始正常运行。整个组装调试过程有效时间共 31d。TBM 自通风安全洞与上层排水廊道交叉口的始发洞进入，随后沿厂房排水廊道自上而下掘进，最后从自流排水洞洞口末端施工完成后拆机运

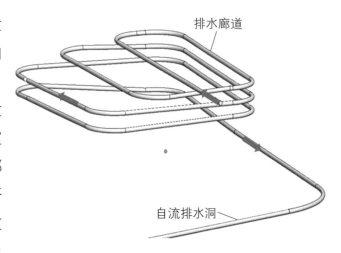

图 4.1.3-2 采用 TBM 施工的洛宁
抽水蓄能电站厂房排水廊道
和自流排水洞三维图

出。厂房排水廊道和自流排水洞施工路线如图 4.1.3-3 所示。

4.1.3.3 应用成果初步分析

截至 2021 年 7 月 31 日，小断面 TBM 累计进尺 420.43m，有效掘进天数 46d，平均进尺速率 9.14m/d，日最高掘进进尺 21.046m，最高月进尺 251.43m。洛宁抽水蓄能电站小断面 TBM 已有施工工效初步分析见表 4.1.3-1。

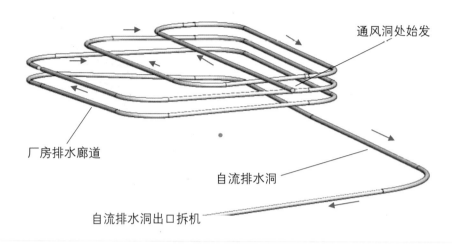

通风洞处始发

厂房排水廊道

自流排水洞

自流排水洞出口拆机

图 4.1.3-3 厂房排水廊道和自流排水洞施工路线图

表 4.1.3-1 洛宁抽水蓄能电站小断面 TBM 已有施工工效初步分析

月份	月进尺/m	有效工作天数/d	平均进尺速度/(m/d)
6	169.00	27	6.259
7	251.43	19	13.233

从表 4.1.3-1 中的数据可以看出:

1)设备开始施工时段,施工效率相对低,主要是 2021 年 6 月刚刚开始始发,人员、设备还处于磨合、适应阶段。随着磨合期的结束,效率明显提升。

2)施工效率受电力供应很大影响。2021 年 7 月,受河南省电力供应不足影响,7 月 14 日开始限制电力供应,每天只有 21:00 至次日 7:00 可以施工。

4.2 试点案例

目前,试点应用研究项目主要有抚宁抽水蓄能电站通风洞、交通洞采用大断面平洞 TBM 施工,洛宁抽水蓄能电站引水系统采用斜井 TBM 施工,宁海抽水蓄能电站通风竖井开展竖井 TBM 施工。

4.2.1 抚宁抽水蓄能电站大断面 TBM 应用

4.2.1.1 应用背景与工程概况

抚宁抽水蓄能电站位于河北省秦皇岛市抚宁区境内,枢纽工程主要建筑物由上水库、输水系统、地下厂房及开关站、下水库等部分组成。该工程为一等大（1）型工程，规划装机容量 1200MW，装机 4 台，单机容量 300MW。

原设计交通洞长 1030.0m，断面尺寸为 8.0m×8.5m（宽×高）城门洞形，平均坡度 5.1%，从安装场左端墙进厂；通风洞长 970.0m，断面尺寸 7.5m×7.0m（宽×高）城门洞形，平均坡度 3.1%，从厂房右端墙与副厂房相接。通风洞和交通洞施工段岩体主要以钾长花岗岩、混合花岗岩为主，呈弱风化、微风化，岩石较完整，岩石最大干抗压强度 253.56MPa，最大饱和抗压强度 200.61MPa；地下水为基岩裂隙水，地下水位较高，隧洞基本都在地下水位线以下，沿断层有渗水；隧洞最大埋深约 330m。交通洞、通风洞Ⅱ～Ⅲ类围岩约占 56%，Ⅳ类围岩约占 40%，Ⅴ类围岩约占 4%。

4.2.1.2　应用进展

为了充分发挥 TBM 施工长洞室的优势和转弯半径要求，对交通洞、通风洞的洞室布置、洞径进行了适当调整。采用 TBM 施工时，统一交通洞、地下厂房中导洞、通风洞开挖断面尺寸，统一为开挖直径 9.5m 的圆形，调整后隧洞总长度为 2228.547m（其中交通洞长度为 871.537m，通风洞长度为 1193.010m，厂房段长度 164.000m），隧洞最小转弯半径 90m，最大纵坡 9%。TBM 施工通风洞、地下厂房、交通洞平面布置见图 4.2.1-1。

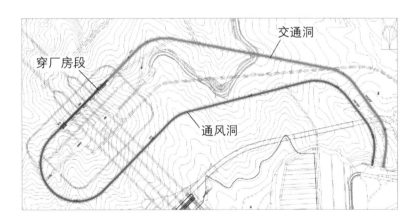

图 4.2.1-1　TBM 施工通风洞、地下厂房、
交通洞平面布置图

TBM 设备在通风洞洞口组装调试，由通风洞洞口始发掘进，沿通风洞掘进，在通风洞末端进入厂房，沿厂房顶拱水平纵向穿越厂房，过厂房端墙 28.96m 后，开始以 9.0% 纵坡下降、直线掘进，然后以 4% 纵坡下降掘进，在桩号交 0+689.302

与交通洞相接,然后沿交通洞掘进,从交通洞出口处的接收洞掘出。 TBM 开挖通风洞、地下厂房、交通洞的掘进路线示意如图 4.2.1‑2 所示。

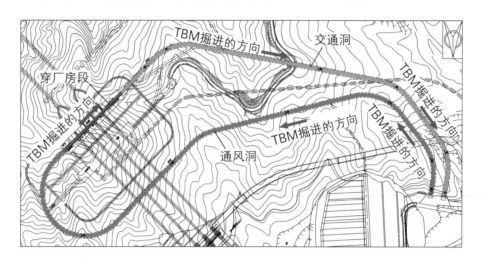

图 4.2.1‑2　TBM 开挖通风洞、地下厂房、

交通洞的掘进路线示意图

"抚宁号"TBM 于 2021 年 5 月底制造完成,2021 年 6 月 4 日正式下线。 同年 7 月全部部件到场并开始设备组装;9 月 1 日 TBM 组装完成,进入整组调试阶段;9 月 18 日 TBM 验收完成。 目前,工业工厂、污水处理、施工供水等辅助配套实施正在建设,2021 年 10 月底在通风洞洞口始发掘进。

4.2.1.3　重难点分析与初拟对策措施

1)TBM 设备施工用电负荷大,需配置供电专线,但周边没有可供 TBM 施工利用的电源点。 对此抚宁抽水蓄能电站有限公司在筹建期提前安排,先期完成了施工供电系统建设。

2)应用 TBM 条件下的交通洞、通风洞最大纵坡为 9%,转弯半径最小为 90m,隧洞纵坡大,且转弯半径小、转弯多,不适合轨道运输和皮带运输。 因此,选择采用汽车运输出渣,现场组织管理和相关措施也需持续优化和完善。

3)考虑到Ⅳ类、Ⅴ类围岩洞段施工难度大及更强的地质条件适用性等因素,TBM 配置了挂网喷锚支护、拱架支护、钢筋排支护、预留超前加固处理空间及措施等功能。

4.2.2　洛宁抽水蓄能电站斜井 TBM 应用

4.2.2.1　应用背景与工程概况

洛宁抽水蓄能电站有两条引水隧洞,原设计单条引水隧洞上斜井长 267m,中平洞长 424m，下斜井长 272m，总长度 929m，开挖断面为 7.1~7.8m 的圆形，斜井倾角 60°。 工程区域地层岩性主要为燕山晚期斑状花岗岩，其中约 70% 为 Ⅱ~Ⅲ 类围岩，约 30% 为 Ⅴ~Ⅳ 类别围岩。 新鲜岩石单轴饱和抗压强度为 80~100MPa，原设计引水系统布置见图 4.2.2-1。

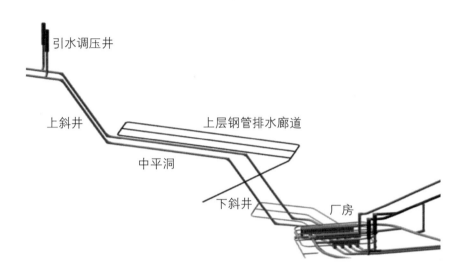

图 4.2.2-1 原设计引水系统布置图

2019 年 4 月 4 日，洛宁抽水蓄能电站有限公司组织开展了 TBM 掘进机在地下工程（平洞、斜井、竖井等）施工应用的可行性、经济性和安全性的理论研究工作；2019 年 9 月，取得了洛宁抽水蓄能电站地下洞室 TBM 应用可行性研究成果；2020 年 5 月，洛宁抽水蓄能电站有限公司组织开展了"洛宁抽水蓄能电站引水系统斜井应用 TBM 技术的适应性及其施工布置研究"科技项目的研究工作，详细研究了针对洛宁抽水蓄能电站斜井应用 TBM 的设计布置形式调整方案、支护、相关组装洞室和施工方案。

4.2.2.2 应用进展

原设计引水系统弯段较多，隧洞开挖尺寸不一，为了发挥 TBM 施工优势，将引水上斜井、中平洞和下斜井调整为一级斜井，TBM 开挖断面尺寸统一为直径 7.2m 的圆形。 优化后 1 号斜井直线段长度为 928m，角度 36.2°；2 号斜井直线段长度为 873m，角度 38.7°。 斜井 TBM 施工时引水系统布置见图 4.2.2-2。

洛宁抽水蓄能电站引水系统斜井 TBM 施工采用 1 台敞开式斜井 TBM，先施工 1 号引水斜井，再施工 2 号引水斜井，引水斜井 TBM 施工程序为：在 1 号引水下平洞组装洞室及始发洞段进行 TBM 成套设备组装、调试及始发→1 号引水斜井 TBM 掘进

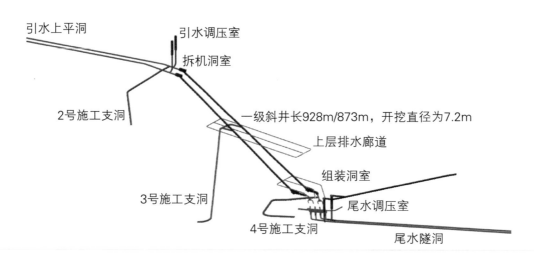

图 4.2.2-2 斜井 TBM 施工时引水系统布置图

支护施工→TBM 设备在 1 号引水斜井拆机洞室拆机→TBM 成套设备转运至 2 号引水斜井下平洞组装洞室及始发洞段组装、调试及始发→2 号引水斜井 TBM 掘进支护施工→TBM 设备在 2 号引水斜井拆机洞室拆机→2 号施工支洞运出。斜井 TBM 施工路线见图 4.2.2-3。

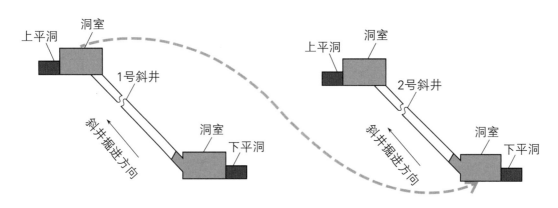

图 4.2.2-3 斜井 TBM 施工路线图

施工计划 2022 年 3 月 15 日主体标开始开挖 1 号引水下平洞组装洞室及始发洞段。组装洞室尺寸为 40m×15m×20m,开挖用时 2.5 个月;始发洞段尺寸为 37m×6m×8.2m(马蹄形),用时 1.5 个月。预计 2022 年 7 月 15 日移交 TBM 进行组装。TBM 在 1 号斜井组装调试用时 2.5 个月,2022 年 10 月 1 日开始掘进施工,1 号斜井全长 928m,月平均掘进 150m;2023 年 4 月 10 日 1 号斜井开挖完成,拆机用时 1.5 个月;2023 年 5 月 25 日拆机完成。

在 1 号斜井施工期间完成 2 号引水下平洞斜井的组装洞室和始发洞室施工。

2023 年 6 月 1 日，启动 2 号斜井 TBM 设备组装调试，用时 2.5 个月；2023 年 8 月 15 日开始掘进。 2 号斜井长 872m，月平均掘进 150m。 2024 年 2 月 10 日，掘进完成，拆机用时 1.5 个月；2024 年 3 月 25 日，拆机运输完成。

4.2.2.3　重难点分析与初拟对策措施

1）在斜井倾角大、坡度陡（1 号斜井角度 36.2°，2 号斜井角度 38.7°）条件下，TBM 自稳、向前掘进由支撑系统（多套撑靴）提供，其安全性是首要问题。 TBM 在斜井施工最大的安全风险是防溜（包括主机和后配套台车），除主机选用凯式支撑系统和 ABS 制动装置外，后配套也需重点考虑防溜装置，同时还考虑遇到围岩承载力不够的预案。

2）斜井围岩微风化至新鲜岩石单轴抗压强度为 110～150MPa，为提高对国内不同抽水蓄能电站斜井掘进的适应能力、提高 TBM 的适用性，适当提高了 TBM 的破岩能力。 对 TBM 主推力、扭矩，刀具布置及刀盘、刀座的结构强度计算考虑了足够的裕量，以应对岩石硬度高、完整性好的掘进工况，保证设备的可靠性，提高掘进效率。

3）为提高斜井 TBM 对复杂地质条件的适应能力，事先配置了挂网喷锚支护、拱架支护、预留超前加固处理空间及措施等功能。

4）渣料中细料容易附着在溜渣槽而堵塞，设备采取了防堵塞措施，同时，高落差长斜坡溜渣还需落实缓冲装置方案。

4.2.3　平江抽水蓄能电站可变径 TBM 在引水系统的应用

4.2.3.1　应用背景与工程概况

平江抽水蓄能电站位于湖南省平江县，电站装机容量 1400MW，安装 4 台单机容量 350MW 可逆式水泵水轮发电机组。

平江抽水蓄能电站工程可变径 TBM 试点应用于引水系统斜井和平洞施工，采用可变径 TBM 施工引水系统基本不改变原设计方案，引水上斜井长 475m，开挖直径为 8m；中平洞长 220m，开挖直径 6.5～8m；下斜井长 490m，开挖直径为 6.5m；两级斜井倾角均为 50°。 引水隧洞洞室围岩以燕山早期花岗岩为主，多呈微风化～新鲜状，其中 85% 为Ⅱ～Ⅲ类围岩，单轴饱和抗压强度 90～120MPa。

4.2.3.2　应用进展

可变径 TBM 施工两级斜井方案引水系统平面、立面布置与钻爆法引水系统平面、立面布置基本相同，引水系统维持两级斜井布置，保留中平洞及施工支洞。 引水系统 TBM 掘进总长度为 2.37km，其中引水上斜井开挖直径 8m，倾角 50°，两条上斜井平均长度 478m，中平洞平均长度 193m、底坡坡度 8%，开挖洞径 8m；下斜井倾角 50°，平均长度 488m，下平洞平均长 93m，斜井上下弯段转弯半径均为 50m。

可变径 TBM 先施工 1 号引水系统，然后转场到 2 号引水系统。 掘进路线为：可变径 TBM 设备运输利用进厂交通洞→施工支洞→引水下平洞→始发洞室组装→下斜井→中平洞变径→上斜井→引水上平洞→设备接收点。 TBM 在下平洞与斜井交叉位置扩大洞室进行组装、调试，步进至始发洞室后进行开挖作业，掘进至下斜井，开挖直径为 6.5m；完成下斜井掘进后进入中平洞变径洞室，将刀盘及护盾等的直径改装为 8.0m；从中平洞掘进至上斜井，完成上斜井的开挖施工；自上平洞转场或拆机运出。

平江抽水蓄能电站工程引水系统可变径 TBM 计划 2023 年 1 月进场组装调试，2023 年 9 月底完成引水洞掘进，2024 年 7 月 15 日完成引水洞掘进施工。

4.2.3.3 重难点分析与初拟对策措施

（1）TBM 洞内变径技术试点应用。

为满足 TBM 开挖直径 6.5～8m 的变径，TBM 整机遵循模块化、轻量化、装配化的设计理念，最大程度降低 TBM 大变径过程中对变径洞室尺寸、起吊设备能力、人员操作技术的要求。 如刀盘采用 1+6 分块设计，以增加辐条式刀盘分块的方式完成变径；盾体采用贴壳式设计等。

（2）TBM 竖曲线小转弯掘进技术试点应用。

常规敞开式 TBM 由于撑靴位置离前方掌子面一般约 18m，受结构限制调向时扭矩油缸行程与 18m 长度之比较大，因此通常无法实现 300m 半径以内的竖曲线转弯。 拟采用护盾式撑靴设计，转弯支点尽可能前移，同时盾体设计为可伸缩式，以满足 40m 半径竖曲线小转弯掘进。

4.2.4 宁海抽水蓄能电站竖井 TBM 应用

4.2.4.1 应用背景与工程概况

根据工程实际情况，宁海抽水蓄能电站排风竖井开展了竖井 TBM 试验应用。 竖井采用 TBM 掘进是国内首次应用。

宁海抽水蓄能电站厂房排风竖井井口 10m 段的开挖直径 9.1m，原设计开挖直径

8.0m、7.8m，总长度198m，开挖方量约9500m³。排风竖井围岩为西山头组含砾玻屑凝灰岩，井口3～5m岩体较为破碎，井深5～70m为弱风化～微风化岩石，井深70m以下为微新岩石，岩体完整性差～较完整，以Ⅱ类、Ⅲ类为主，成井条件良好。围岩强度在90～120MPa之间，岩质脆硬且石粉含量较高，遇水易结块。井壁揭露有陡倾角节理，局部产生不稳定块体，需及时支护处理。井身位于地下水位以下，沿节理、破碎带有渗滴水或线状流水现象。

4.2.4.2　应用进展

竖井TBM掘进机主要由主机设备、后配套吊盘、地面提升系统、地面控制室四大部分组成，可同时实现竖井的开挖、出渣、井壁支护以及施工过程中排水、通风、通信等功能。

排风竖井总长198m，原设计井口10m段的开挖直径9.1m，C25钢筋混凝土衬砌厚600mm，井身段开挖直径8.0m，系统锚喷支护。采用正井法竖井TBM掘进后，井口10m段作为始发段的开挖直径调整为9.8m，C25钢筋混凝土衬砌厚800mm，井身段开挖直径适应刀盘直径调整为7.8m，永久支护参数仍按原设计，掘进路线如图4.2.4-1所示，图中右侧所示围岩类别的范围为示意。设备始发段采用人工爆破法开挖，后188m为竖井TBM全断面一次竖直开挖成型，第4层吊盘提供支护平台（与主机设备最大移动距离4m），实现开挖支护同步作业。开挖完成后，主机部分于井底拆除通过排风竖井下平洞运出，后配套吊盘提升至地面拆除，开挖过程不涉及转弯、坡度等问题，但要考虑抽排水。

由于主机设备及后配套吊盘全部入井后（含始发段入井27m）才具备安装井架条件，所以在提升系统未启用前采用35t吊

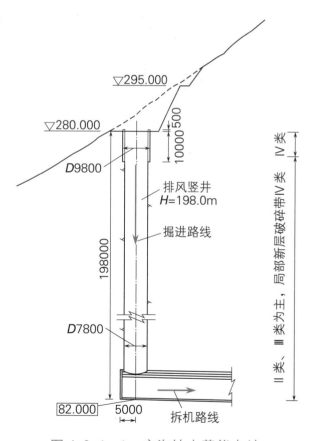

图4.2.4-1　宁海抽水蓄能电站
排风竖井掘进路线图

注：图中高程、桩号以m计，其余
尺寸除特别注明外均以mm计。

机升降吊桶出渣，提升系统安装完毕后正式采用绞车升降吊桶出渣。

竖井 TBM 主机设备于 2020 年 9 月 23 日开始陆续进场，于 2020 年 11 月 20 日组装完成开始试运行，主机设备组装时间 58d。

在竖井 TBM 试运行期间采用吊机配合出渣，2021 年 4 月 1 日起提升系统启用，开始正式掘进，试运行期 50d（扣除地面提升系统组装时间 116d）共进尺 17.02m，成型效果如图 4.2.4-2 所示。

图 4.2.4-2　竖井 TBM 井壁成型效果

截至 2021 年 7 月 31 日，累计进尺 54.96m，平均月进尺 9.49m（2021 年 4—7月），平均日进尺 0.32m，最高日进尺 1.57m（2021 年 5 月 20 日），有效掘进速率 0.07m/h。

4.2.4.3　重难点分析与初拟对策措施

（1）围岩渗水处理。

硬岩 SBM 目前只能干渣掘进，并未考虑到降雨天气过多时井壁渗水对出渣作业的影响。由于本工程岩石为凝灰岩，石粉含量过高，井底石渣遇水后会呈泥浆状糊在刀盘、刮板等部位，导致出渣效率大大降低，甚至多次被迫停机进行人工清理，该问题是导致设备长时间停滞的主要原因。目前通过设置环井壁截水槽，已基本解决井底积水问题（见图 4.2.4-3）。

（2）干渣掘进粉尘过多，影响控制室屏幕成像。

图 4.2.4-3　竖井硬岩 SBM 施工
围岩环井壁截水槽

控制室操作人员无法通过常规摄像头准确判断吊桶容渣情况，因而经常出现桶内渣满溢出现象，需要人工清理掉落在底座的积渣，增加工序时间。目前通过改用热成像摄像头可清晰判断吊桶容渣情况，并加装雾炮机有效降尘。

　　（3）TBM正井盲洞工艺用于竖井开挖施工的优势和局限性有待进一步验证。

　　从宁海抽水蓄能电站通风竖井实际施工情况看，TBM正井盲洞工艺用于竖井开挖施工也存在一定的局限性，主要原因是出渣效率低，如果出现涌水等突发情况，往往处理难度极大，安全风险也比较突出。当前情况下，竖井施工可能宜先利用反井钻机开挖一导井，导井形成后再利用竖井TBM从上至下开挖，在导井底部出渣。

4.3　建设管理

4.3.1　商业模式

　　众所周知，商业模式有可能成为规模化、产业化的助推剂和关键一票，值得持续关注和研究。目前了解到的应用方式主要有四种：

　　1）TBM设备厂家与施工单位紧密合作，由施工单位采购或租赁设备施工。目前洛宁、抚宁等抽水蓄能电站隧洞施工就是采用这种方式。

　　2）专业分包模式，由施工单位将TBM施工部位专业分包给有资质的TBM施工单位。文登抽水蓄能电站采用的是这种模式。

　　3）业主自主采购设备，交给施工企业施工，这种方式现在基本不采用。

　　4）施工单位自主采购设备施工，目前水利工程中常用这种方式。目前，相关建设单位一般在招标文件中明确采用TBM施工的部位和要求，在工程量清单中单独计列TBM施工费用清单，施工单位按照TBM施工工艺要求编制施工组织设计和计算费用，进场后由施工单位组织实施。

　　各种模式在不同应用场景下各有利弊。目前，文登、宁海、洛宁抽水蓄能电站是TBM施工部位所属的标段承包商以专业分包的形式将TBM施工项目分包给中铁工程装备集团下属的技术服务公司，技术服务公司负责设备采购和施工，TBM设备制造由中铁工程装备集团下属的TBM设备制造公司设计制造；设备制造和设备采购使用单位同属一个集团公司，两家单位合作关系密切，现场由标段承包商统一组织协调。抚宁抽水蓄能电站项目是标段承包商购买了中铁工程装备集团的TBM设备，自主施工。

4.3.2 质量与验收管理

由于 TBM 开挖隧洞是全断面整体成型，刀盘及护盾根据隧洞尺寸定制加工，隧洞的成型断面可以不用考虑，开挖掘进过程中全部封闭，施工过程中无法及时进行隧洞成型检查，因此 TBM 开挖质量检查重点是隧洞轴线的偏差。 TBM 轴线控制采用激光自动导向系统，水平、垂直误差均可以控制在 5cm 以内，完全满足规范要求，同时可以打印记录隧洞轴线偏差等数据。

因此采用 TBM 开挖隧洞成型质量较高，基本不存在超欠挖，但考虑设备作业空间、施工程序、切削工艺、成型后断面效果等与传统钻爆法差异较大，每次开挖、支护验收的范围、时段、需要支撑材料等与钻爆法相差较大，洞室开挖、锚杆支护等施工质量的验评方式和方法需要进一步明确。 可借鉴铁路、水利及其他行业相关资料，结合水电工程特点和现行基于传统钻爆法的一整套验评规程，提出具有可操作性的质量评价与验收要求，梳理出抽水蓄能电站 TBM 应用时开挖、支护的质量评价方法、验收方法等。

钻爆法开挖洞室，爆破后地质人员可以及时掌握掌子面围岩状况；TBM 开挖掌子面和盾体部分全封闭，地质人员不能及时直观地对围岩情况进行记录分析，但是可以通过 TBM 上搭载的超前激发极化、三维破岩地震等超前探测等装置，探知前方 60～100m 的含水构造和断层破碎带等信息。 TBM 法在围岩类别判定时段、判定依据等方面与钻爆法不同，因此 TBM 施工洞室地质素描工作如何开展也需适当研究。

4.3.3 降本增效路径研究

除了依托抽水蓄能电站群的规模化优势外，TBM 应用的降本增效路径还可考虑以下几个方面的因素。

（1）规模效应最大化需要高质量的 TBM 应用总体规划。

合理的施工顺序和设备使用规划被认为是规模效应最大化的必然要求，这需要基于抽水蓄能电站群建设规划、地下洞室围岩地质条件特性等作出更为细致的统筹安排。

此外，渣料综合利用模式和综合利用技术也需要结合抽水蓄能电站群的层次，提前研究和谋划布局，以期综合利用率最终能够超过传统钻爆法，并产生规模化的利用效益。

（2）主要设备技术进步。

主要设备自身的降本增效是规模化应用和技术进步的必然要求，其外在驱动力之一是抽水蓄能电站群建设提供的潜在市场需求，其内在驱动力则在于创新驱动的技术进步，具体的方向包括但不限于设备系列化与标准化，核心部件国产化，装备智能化等。设备创新升级需在总体规划的基础上，对重点突破方向和领域予以引导和对接。

（3）高质量开挖成型的外溢效应。

TBM 施工具有高质量的开挖成型效果，能从根本上消除了超欠挖，从文登、洛宁、宁海小断面 TBM 应用情况来看，TBM 施工对围岩扰动极小，支护工程量相比原设计减少明显。相比于钻爆法扰动明显、超挖普遍偏大的情况，TBM 施工的支护设计、衬砌设计及相应工程量都有优化的可能性。这需要对 TBM 施工的隧洞进行系统的总结和分析，深入研究基于 TBM 施工的围岩支护与衬砌设计理论。

（4）综合效益的合理分摊。

TBM 施工在质量、安全、文明施工等方面具有突出优势。在质量方面，超欠挖、平整度、围岩爆破振动速度、松动范围等常规指标已不适用于其质量评价，其实际松动影响范围极小，开挖质量和体型控制优良；锚喷支护多采用机械化、自动化手段，总体上更有利于质量控制。由于掌子面与作业人员分离，在施工安全和文明施工方面优势尤其突出；掌子面通风、除尘良好，无须排烟，工作环境较好。

在环境保护和水土保持方面，若能通过专题研究、技术进步实现渣料高比例、高价值的综合利用，可获得更好的综合效益。

此外，一般情况下，TBM 施工具有可比的工期优势，这通常主要取决于 TBM 对沿线地质条件的适应性，适应性好，工期优势明显；适应性一般，工期相当；适应性差（强岩爆、大变形、大规模突发涌水涌泥），工期可能没有优势。总的来说，相同条件下同样掘进长度的优势较明显，但多数情况下钻爆法可通过设置多工作面弥补工期劣势。

更为重要的是，机械化、智能化是必然发展方向。传统钻爆法施工条件恶劣、安全风险偏高、专业人员流失严重，而 TBM 施工代表了机械化的发展方向，从中长期发展趋势来看，TBM 施工具有可观的发展趋势收益，更有利于中长期的降本增效。

这些综合效益都有必要研究其在近期、中远期的效益分摊问题，近期重点要考虑质量、安全、文明施工、环保水保等效益在费用计列上的合理安排，同时通过高质量的施工规划尽可能放大 TBM 施工的工期效益。

（5）商业模式创新将有力助推全流程全要素效率提升和成本下降。

商业模式创新旨在推动业主、设计、设备厂家、施工单位等各主体形成更为紧密且效率更高的利益共享机制和激励机制，从而实现更高水平的优势互补和效率提升，从全产业链、全流程、全要素角度推进效率提升和成本下降。这方面仍有大量问题需要深入研究和探讨。

5 政策篇

（1）"碳达峰、碳中和"目标。

1）2020 年 9 月，中国在第七十五届联合国大会上郑重宣布，将提高国家自主贡献力度，二氧化碳排放力争于 2030 年前达到峰值，争取 2060 年前实现碳中和。

2）《第十四个五年规划和 2035 年远景目标纲要》明确，将落实 2030 年应对气候变化国家自主贡献目标，制定 2030 年前碳排放达峰行动方案。完善能源消费总量和强度双控制度，重点控制化石能源消费。锚定努力争取 2060 年前实现碳中和，采取更加有力的政策和措施。

3）2021 年 3 月 15 日，中央财经委员会第九次会议强调，"实现碳达峰、碳中和是一场广泛而深刻的经济社会系统性变革，要把碳达峰、碳中和纳入生态文明建设整体布局，拿出抓铁有痕的劲头，如期实现 2030 年前碳达峰、2060 年前碳中和的目标。"同时提出"要构建清洁低碳安全高效的能源体系，控制化石能源总量，着力提高利用效能，实施可再生能源替代行动，深化电力体制改革，构建以新能源为主体的新型电力系统。"

4）2021 年 10 月，中共中央、国务院发布《关于完整准确全面贯彻新发展理念做好碳达峰碳中和工作的意见》，提出到 2025 年，绿色低碳循环发展的经济体系初步形成，重点行业能源利用效率大幅提升。到 2030 年，经济社会发展全面绿色转型取得显著成效，重点耗能行业能源利用效率达到国际先进水平。到 2060 年，绿色低碳循环发展的经济体系和清洁低碳安全高效的能源体系全面建立，能源利用效率达到国际先进水平，非化石能源消费比重达到 80% 以上。该意见围绕推进经济社会发展全面绿色转型、深度调整产业结构、加快构建清洁低碳安全高效能源体系、加快推进低碳交通运输体系建设、提升城乡建设绿色低碳发展质量、加强绿色低碳重大科技攻关和推广应用、持续巩固提升碳汇能力、提高对外开放绿色低碳发展水平、健全法律法规标准和统计监测体系、完善政策机制、切实加强组织实施等十一个方面分别提出了具体的要求和指导意见。

同月，国务院印发《2030 年前碳达峰行动方案》。该方案围绕贯彻落实中共中央、国务院关于碳达峰碳中和的重大战略决策，按照《中共中央 国务院关于完整准确全面贯彻新发展理念做好碳达峰碳中和工作的意见》工作要求，聚焦 2030 年前碳达峰目标，对推进碳达峰工作作出总体部署。该方案明确了主要目标："十四五"期间，产业结构和能源结构调整优化取得明显进展，重点行业能源利用效率大幅提升，煤炭消费增长得到严格控制，新型电力系统加快构建，绿色低碳技术研发和推广应用取得新进展，绿色生产生活方式得到普遍推行，有利于绿色低碳循环发展的政策体系进一步完善。 到 2025 年，非化石能源消费比重达到 20% 左右，单位国内生产总值能源消耗比 2020 年下降 13.5%，单位国内生产总值二氧化碳排放比 2020 年下降 18%，为实现碳达峰奠定坚实基础。"十五五"期间，产业结构调整取得重大进展，清洁低碳安全高效的能源体系初步建立，重点领域低碳发展模式基本形成，重点耗能行业能源利用效率达到国际先进水平，非化石能源消费比重进一步提高，煤炭消费逐步减少，绿色低碳技术取得关键突破，绿色生活方式成为公众自觉选择，绿色低碳循环发展政策体系基本健全。 到 2030 年，非化石能源消费比重达到 25% 左右，单位国内生产总值二氧化碳排放比 2005 年下降 65% 以上，顺利实现 2030 年前碳达峰目标。 该方案要求将碳达峰贯穿于经济社会发展全过程和各方面，重点实施能源绿色低碳转型行动、节能降碳增效行动、工业领域碳达峰行动、城乡建设碳达峰行动、交通运输绿色低碳行动、循环经济助力降碳行动、绿色低碳科技创新行动、碳汇能力巩固提升行动、绿色低碳全民行动、各地区梯次有序碳达峰行动等"碳达峰十大行动"，并就开展国际合作和加强政策保障作出相应部署。

（2）"十四五"规划。

1）"十四五"规划提出，提升新能源消纳和存储能力，推进新型基础设施、新型城镇化、交通水利等重大工程建设，实施川藏铁路、西部陆海新通道、国家水网、雅鲁藏布江下游水电开发、星际探测、北斗产业化等重大工程，推进重大科研设施、重大生态系统保护修复、公共卫生应急保障、重大引调水、防洪减灾、送电输气、沿边沿江沿海交通等一批强基础、增功能、利长远的重大项目建设。 在铁路、水利、水电、交通、供水等重大工程实施中，TBM 将迎来重大发展前景。

2）"十四五"规划提出的深入实施制造强国战略提出，坚持自主可控、安全高效，推进产业基础高级化、产业链现代化，保持制造业比重基本稳定，增强制造业竞争优势，推动制造业高质量发展。 依托行业龙头企业，加大重要产品和关键核心技术攻关力度，加快工程化产业化突破。 实施重大技术装备攻关工程，完善激励和风险补偿机制，推动首台（套）装备、首批次材料、首版次软件示范应用。 深入实施智能制造和绿色制造工程，发展服务型制造新模式，推动制造业高端化智能化绿色化。培育先进制造业集群，推动集成电路、航空航天、船舶与海洋工程装备、机器人、先进轨道交通装备、先进电力装备、工程机械、高端数控机床、医药及医疗设备等产业创新发展。

（3）抽水蓄能电站产业政策。

1）2021 年 5 月，国家发展改革委发布《关于"十四五"时期深化价格机制改革行动方案的通知》（发改价格〔2021〕689 号），通知要求，持续深化电价改革，进一步完善省级电网、区域电网、跨省跨区专项工程、增量配电网价格形成机制，加快理顺输配电价结构。持续深化燃煤发电、燃气发电、水电、核电等上网电价市场化改革，完善风电、光伏发电、抽水蓄能价格形成机制，建立新型储能价格机制。平稳推进销售电价改革，有序推动经营性电力用户进入电力市场，完善居民阶梯电价制度。

2）2021 年 5 月，国家发展改革委发布《关于进一步完善抽水蓄能价格形成机制的意见》（发改价格〔2021〕633 号），意见提出，要坚持以两部制电价政策为主体，进一步完善抽水蓄能价格形成机制，以竞争性方式形成电量电价，将容量电价纳入输配电价回收，同时强化与电力市场建设发展的衔接，逐步推动抽水蓄能电站进入市场，着力提升电价形成机制的科学性、操作性和有效性，充分发挥电价信号作用，调动各方面积极性，为抽水蓄能电站加快发展、充分发挥综合效益创造更加有利的条件。该意见有利于为促进抽水蓄能电站加快发展营造更好的政策环境。

3）2021 年 8 月，国家发展改革委、国家能源局联合下发《关于鼓励可再生能源发电企业自建或购买调峰能力增加并网规模的通知》（发改运行〔2021〕1138 号），提出"为努力实现应对气候变化自主贡献目标，促进风电、太阳能发电等可再生能源大力发展和充分消纳，依据可再生能源相关法律法规和政策的规定，按照能源产供储销体系建设和可再生能源消纳的相关要求，在电网企业承担可再生能源保障性并网责任的基础上，鼓励发电企业通过自建或购买调峰储能能力的方式，增加可再生能源发电装机并网规模"，同时提出要"引导市场主体多渠道增加可再生能源并网规模"并"鼓励多渠道增加调峰资源"。该通知将进一步助推抽水蓄能电站的开发进程。

4）2021 年 9 月，国家能源局发布《抽水蓄能中长期发展规划（2021—2035 年）》（简称《规划》）。《规划》要求加快抽水蓄能电站核准建设，各省（自治区、直辖市）能源主管部门根据中长期规划，结合本地区实际情况，统筹电力系统需求、新能源发展等，按照能核尽核、能开尽开的原则，在规划重点实施项目库内核准建设抽水蓄能电站。到 2025 年，抽水蓄能投产总规模较"十三五"翻一番，达到 6200 万 kW 以上；到 2030 年，抽水蓄能投产总规模较"十四五"再翻一番，达到 1.2 亿 kW 左右；到 2035 年，形成满足新能源高比例大规模发展需求的，技术先进、管理优质、国际竞争力强的抽水蓄能现代化产业,培育形成一批抽水蓄能大型骨干企业。

(4)制造业发展政策。

1)2015年,我国发布《中国制造2025》。围绕实现制造强国的战略目标,《中国制造2025》明确了九项战略任务和重点:一是提高国家制造业创新能力;二是推进信息化与工业化深度融合;三是强化工业基础能力;四是加强质量品牌建设;五是全面推行绿色制造;六是大力推动重点领域突破发展,聚焦新一代信息技术产业、高档数控机床和机器人、航空航天装备、海洋工程装备及高技术船舶、先进轨道交通装备、节能与新能源汽车、电力装备、农机装备、新材料、生物医药及高性能医疗器械等十大重点领域;七是深入推进制造业结构调整;八是积极发展服务型制造和生产性服务业;九是提高制造业国际化发展水平。《中国制造2025》明确,通过政府引导、整合资源,实施国家制造业创新中心建设、智能制造、工业强基、绿色制造、高端装备创新等五项重大工程,实现长期制约制造业发展的关键共性技术突破,提升我国制造业的整体竞争力。

2)2020年12月,中国工程院战略咨询中心、南京航空航天大学等单位联合发布《2020中国制造强国发展指数报告》。制造业要加强研发设计,全面提高产品档次和质量,以创新、品牌、服务获得高附加值,由主要依靠物质资源投入向主要依靠技术进步、高素质人力资源和管理创新转变。发达国家多以质量效益、结构优化、持续发展作为本国制造业国际竞争力的优势项,而我国制造强国进程发展的主要支撑力仍为规模发展,从制造业核心竞争力来看,我国制造业高质量转型发展之路任重道远。

3)2021年5月,中国机械工业联合会正式发布《机械工业"十四五"发展纲要》,为未来五年机械工业发展提供更详尽的指引,机械工业主要包括农业机械、矿山设备、冶金设备、动力设备、化工设备以及工作母机等制造工业。报告指出,中国机械行业高端产品不足,中低端产品需求明显放缓,传统产业处于产能过剩调整和产业转型期;产业基础能力不足,共性技术研发能力弱与核心零部件制约明显;产业链韧性不强,上下游衔接不顺畅。报告建议,机械行业需多维细分逐点击破,为新一轮科技革命带来新动能,节能减排、环保再循环成为重要的发展方向;大力发展战略性新兴产业,推动机械工业的跨行业融合;产学研、自主创新双驱动,创新平台实现先进制造基础共性技术突破及推广。

6 展望篇

1）抽水蓄能电站高速发展与工程建设智能化转型升级两大驱动力，将加快推进抽水蓄能电站智能建造发展进程。 新时期、新环境需要新机制，更需要新思维、新生态。

一方面，在"碳达峰、碳中和"目标的引领下，构建以新能源为主体的新型电力系统刻不容缓，抽水蓄能电站作为性能最优的大规模灵活调节电源，必将在新型电力系统中发挥不可替代的重要作用，其高速发展已成定局。 由此将在环境保护与水土保持、国土资源利用、人才队伍与劳动力资源保障等多方面给未来抽水蓄能电站建设带来巨大压力，进而加快形成"机械化、智能化、标准化"的内生驱动力。

另一方面，智能建造作为绿色、高质量、创新发展的必然要求和方向，也已成为各行各业实现自身转型升级的重要抓手，代表了未来工程建设的一种新的模式或范式，将推动整个行业更加注重自身智能建造技术水平和能力的提升。

上述两大驱动力必将加速行业发展驱动力的内化进程，推动整个行业加大对相关问题的关注与投入，在绿色智能建造新理念、新思维的指导下，共同促进新机制、新生态的形成和进化。

2）推进 TBM 在抽水蓄能电站群的应用对于支撑智能水电工程乃至智慧能源工程的战略实现具有重大意义和突出优势。 能源领域智能化机械化转型升级既代表能源技术创新的大方向、大趋势，又是贯彻落实新发展理念的必然要求。

推进 TBM 在抽水蓄能电站群的应用是实现能源领域智能化机械化转型升级的关键举措和重要抓手，而且总体上具有突出的先天优势。 一方面，通过抽水蓄能电站群的规模效应可解决 TBM 的经济可行性问题；另一方面，抽水蓄能电站建设高度重视地下厂房洞室群的围岩地质条件勘察，站址选择一般避开了 TBM 施工尚难以有效应对的强岩爆、大规模突水突泥、大范围软岩大变形等不良地质条件，也就是说，TBM 应用于抽水蓄能电站地下洞室群施工的地质条件适宜性总体上较好，基本解决了技术可行性问题。 这使得推进抽水蓄能电站群 TBM 应用有望成为实现能源领域智能化机械化转型升级战略目标的难得的"首战之地"，具有以重要领域和关键环节的突破带动全局的重要意义和关键作用。

3）抽水蓄能电站 TBM 应用采取的战术路径科学、高效，探索方向和试点领域具有良好的代表性，且已取得卓有成效的研究和试点应用成果，为后续工作推进奠定了坚实基础。

首先，小断面 TBM 在抽水蓄能电站的推广应用已形成了较为广泛的共识，同时也需要在设备序列化研发升级（设备灵活性与适应性的平衡）、洞室布置方案优化和标准化设计、降本增效路径研究、定额与造价研究、支护理论研究等方面继续发挥其独特优势和先导作用。

其次，大断面 TBM（或 SBM）施工效率和可靠性问题、斜井 TBM 安全问题以及装备智能化模块化问题等将是试点应用关注的焦点。 特别是开挖断面由小到大，更需要关注围岩稳定、支护参数和支护时机等问题，其对 TBM 施工效率和费用的影响也有待观察；斜井 TBM 安全评价体系、相应控制标准以及配套施工规划等问题也需抓紧深入研究；TBM 作为关键装备，其自身作为一个重要的智能单元，仍有大量值得探讨的改进方向。

4）支护设计、施工规划与质量控制标准将是洞室标准化设计下步工作重点。 目前在隧洞布置和断面尺寸上已经开展了标准化设计工作，并形成了分类指导意见，包括设置隧洞断面尺寸分级标准等。 支护设计、施工规划与质量控制标准等方面则有待进一步深化标准化设计的研究工作，这既是系统最优化、安全与效率相协调等设计思维的必然要求，也是从标准化设计角度切实推动技术进步、保障创新效益的必然要求。

5）多途径推进 TBM 应用的降本增效是必然选择。 平价既是规模化的目的，也是规模化、产业化的前提，整合国内外优势资源，贯彻新发展理念，多途径、多层次推进 TBM 应用降本增效，才能最终达到推广普及的目的。 这当中，考虑 TBM 设备全生命周期管理的降本增效问题很可能是支撑其规模化可持续发展的重要一环，有必要加大力气研究，更有赖于建设管理、设计、施工、设备制造等各方形成合力。 国内主要设备厂家实力雄厚，主要技术达到国际先进水平，创新动力强，通过合理的规划引导和市场激励，推进 TBM 设备自身平价进程，达到高水平的优势互补值得期待。

6）全面智能化、机械化转型升级将是抽水蓄能电站群 TBM 应用研究的终极目标。 目前的研究与试点应用主要从现有技术维度出发，考虑了现有技术与工程建设特点的匹配，重点突破地下隧洞标准洞段的机械化自动化施工技术。 但致力于实现抽水蓄能电站群地下厂房洞室群的全面机械化、智能化建造，其综合效益更大、挑战性和创新性更高，也是全面智能化机械化转型升级的必然要求。 对此更有必要整合资源开展具有前瞻性、探索性的研究，稳步推进试点研究，以期尽早实现突破。